リアルタイム・ロギングにより交信を楽しむ！
Turbo HAMLOG/Win

HAM & ACTIVITY SERIES

ハムログ 入門ガイド

JF1RWZ 岡村 潤一

［著］

JG1MOU 浜田　博

［監修］

CQ出版社

はじめに

■ Turbo HAMLOG/Win

偶然の重なりを楽しむための便利な道具！

パソコンが普及し，インターネットや電子メールが広まって，海を越えてリアルタイムに情報交換ができる時代になりました．しかし，アマチュア無線にはまだまだ心をひかれるものがあります．

インターネットを使ったサービスを利用すれば確実に相手とつながりますが，アマチュア無線ではそうはいきません．

太陽黒点の変化や季節や時間帯によって通信できたりできなかったりする不安定さに，何とも言えない不思議な魅力を感じます．

また，アマチュア無線には偶然の出会いがあります．そして，かつて出会った方と再会することもあります．

「いや～，何十年ぶりですネ」何十年か前に交信できたことも偶然で，再度出会えたことも偶然です．この偶然の重なりは，アマチュア無線の魅力の1つでしょう．

交信中に，この偶然を瞬時に気付かせてくれるのが，パソコンを利用した電子ログです．

インターネットを使ったサービスは確かに便利です．この便利な道具とアマチュア無線を組み合わせると，さらに楽しいことができます．

ハムログのユーザーリストはハムログを利用している仲間が，お互いに自分の情報を交換し合って楽しむためのものです．備考欄を利用した自己紹介により，ファーストQSOからその話題で盛り上がることもあります．

パソコンは苦手とおっしゃる読者の皆さんへ，パソコンはそう簡単に壊れることはありません．最初は皆初心者です．マイペースで楽しみながら始めてみましょう．

第1章では7つの基本操作を解説します．これらを覚えて，ハムログを始めましょう．

第2章ではハムログの基本を，第3章ではログ帳の印刷やQSLカードの印刷機能を解説します．第3章を参考に，素敵なQSLカードを作りましょう．

第4章ではハムログを利用して運用を楽しむ方法を，第5章では付属CD-ROMの内容を紹介します．

パソコンは道具です．この便利な道具を使って新しいアマチュア無線の楽しみ方を発見してみてはいかがでしょうか．

2019年11月

JF1RWZ　岡村 潤一

● ハムログ概要

国内交信のメインバンドである7MHzをワッチすると楽しそうな交信が聞こえてきます.
「ファースト交信ですね」「QSLカードありがとう」など,今や電子ログを活用してハムを楽しむことが
当たり前になっています. ハムログを使うとこのような交信ができます.

① ファースト交信かどうか

ファースト交信ですネ.
私は春日部市の羽武と申します.
今後ともよろしくお願いします.

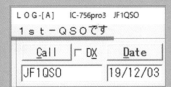

② 過去交信の周波数, モード, 何回目の交信か

ATQさんこんにちは,
今日で6回目のQSOでこれで4バンドQSOになりますネ.
いつも交信ありがとうございます.

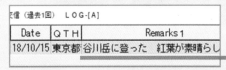

③ 前回の交信がいつだったか

久しぶりですネ,
前回お会いしたのは2009年の春ですから
10年ぶりですネ, お元気でしたか!

④ 前回交信のRemarksを表示

NDHさんこんにちは!
前回は山登りの話をありがとうございました.
その後また行かれましたか?

⑤ 移動地の情報も記録

いつも移動サービスありがとうございます.
前回は大島支庁大島町移動でしたネ.

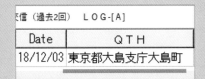

⑥ QSLカードの状況

ATQさんこんにちは, あっカードも届いていますネ.
奇麗な鳥の写真のQSLカードをありがとうございます.

⑦ 交信地域の既交信局

そうですかZIさんのローカルさんですネ.
昨日アンテナを上げる手伝いにいかれたそうですネ.
ZIさんに今度会われたらよろしくお伝えください.

⑧ 未交信地域かどうか

QTHのご紹介ありがとうございます.
大島郡龍郷町とはファーストになります.
ぜひQSLカードの交換をお願いします.

● ハムログの機能

ハムログはリアルタイム・ロギングに適したログ管理ソフトです. ユーザーリストやリグ接続のほか交信データを効率良く登録できるよう工夫されています.

また, QSLカードやログ帳を印刷したり, ADIF形式でログを出力し他システムへ連携したり, ハムの運用を総合的にサポートしてくれます. ここではハムログの機能を絵解きで紹介します.

⑦ リグ接続機能
リグと接続して運用する

QSOデータのバックアップは「ファイル」メニューに

Callを入力後ワンクリックで
QRZ.COMを検索(キー割り当て)

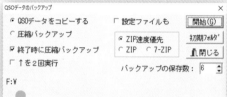

ハムログのメインウィンドウ

④ データ入力支援機能
ユーザーリストから
QTHとNameを取り込む

JF1RWZ 岡村/1314 埼玉県春日部 JAG#1420 DIG#5971

ハムログの
入力ウィンドウ

過去の更新履歴を表示

⑤ 交信相手との距離と方位を知る機能
距離と方位を入力ウィンドウの
右上に表示

茨城県土浦市

ハムログの
入力ウィンドウ

① QSLカードを印刷する機能
QSLカード印刷機能を使ってQSLカードを印刷

HAMLOG_User 2020/12/09 : JAG#1420 DIG#5971 http://jf1rwz.ymeco.com/ GL:PM95VX

免許状 Get's 機能 QTHの取り込み

素敵なQSLカード(本書付属CD-ROM収録)
一部を書き換えてすぐに使えるQSL定義ファイル

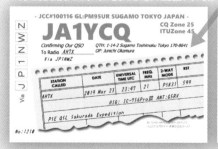

FT8やPSK31, RTTYを連携して運用（ログ取り込み）

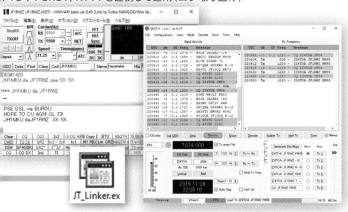

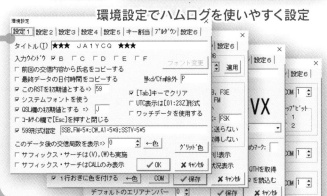

環境設定でハムログを使いやすく設定

ヒットすると
画像を表示

7L3ATQ

② ログを印刷する機能　検索機能からログ帳を印刷

⑥ ネットワーク機能

ADIFに出力し, デジタル通信アワードを申請

ADIFに出力し, LogBookやCLUBLOGを利用

ADIFに出力し, eQSLを利用（電子QSL）

eQSL2Thw.
※1

ADIFに出力し, LoTWを利用（電子照合）

LoTW2Thw.
※2

※1　eQSL2Thwはe QSLのアーカイブからハムログのQSLカード受領マークを付けてくれるソフト
※2　LoTW2ThwはLoTWの照合でハムログのQSLカード受領マークを付けてくれるソフト
いずれもJA2BQX 太田さんが作成したフリーソフトです. 第4章4-4で紹介します.

5

● 図解ハムログキーボード

キーボードには文字キーと，改行や文字変換をするための機能を持ったキーがあります．
Windowsで用意された基本機能と，ハムログで用意された機能を色分けして説明します．

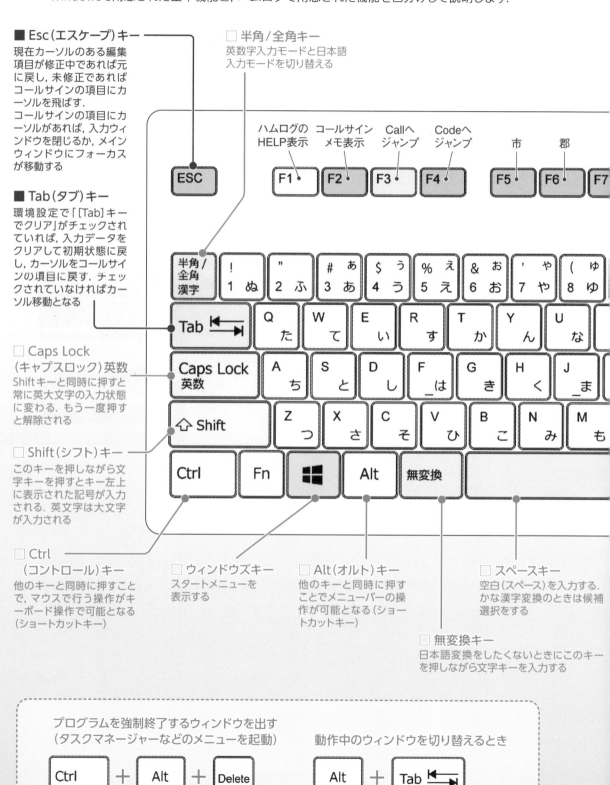

■ Esc (エスケープ) キー
現在カーソルのある編集
項目が修正中であれば元
に戻し，未修正であれば
コールサインの項目にカー
ソルを飛ばす．
コールサインの項目にカー
ソルがあれば，入力ウィ
ンドウを閉じるか，メイン
ウィンドウにフォーカス
が移動する

■ Tab (タブ) キー
環境設定で「[Tab] キー
でクリア」がチェックされ
ていれば，入力データを
クリアして初期状態に戻
し，カーソルをコールサイ
ンの項目に戻す．チェッ
クされていなければカー
ソル移動となる

□ Caps Lock
(キャプスロック) 英数
Shiftキーと同時に押すと
常に英大文字の入力状態
に変わる．もう一度押す
と解除される

□ Shift (シフト) キー
このキーを押しながら文
字キーを押すとキー左上
に表示された記号が入力
される．英文字は大文字
が入力される

□ 半角/全角キー
英数字入力モードと日本語
入力モードを切り替える

ハムログの   コールサイン   Callへ   Codeへ
HELP表示   メモ表示   ジャンプ   ジャンプ   市   郡

□ Ctrl
(コントロール) キー
他のキーと同時に押すこと
で，マウスで行う操作がキー
ボード操作で可能となる
(ショートカットキー)

□ ウィンドウズキー
スタートメニューを
表示する

□ Alt (オルト) キー
他のキーと同時に押す
ことでメニューバーの操
作が可能となる (ショー
トカットキー)

□ 無変換キー
日本語変換をしたくないときにこのキー
を押しながら文字キーを入力する

□ スペースキー
空白 (スペース) を入力する．
かな漢字変換のときは候補
選択をする

プログラムを強制終了するウィンドウを出す
(タスクマネージャーなどのメニューを起動)

動作中のウィンドウを切り替えるとき

Ctrl ＋ Alt ＋ Delete

Alt ＋ Tab

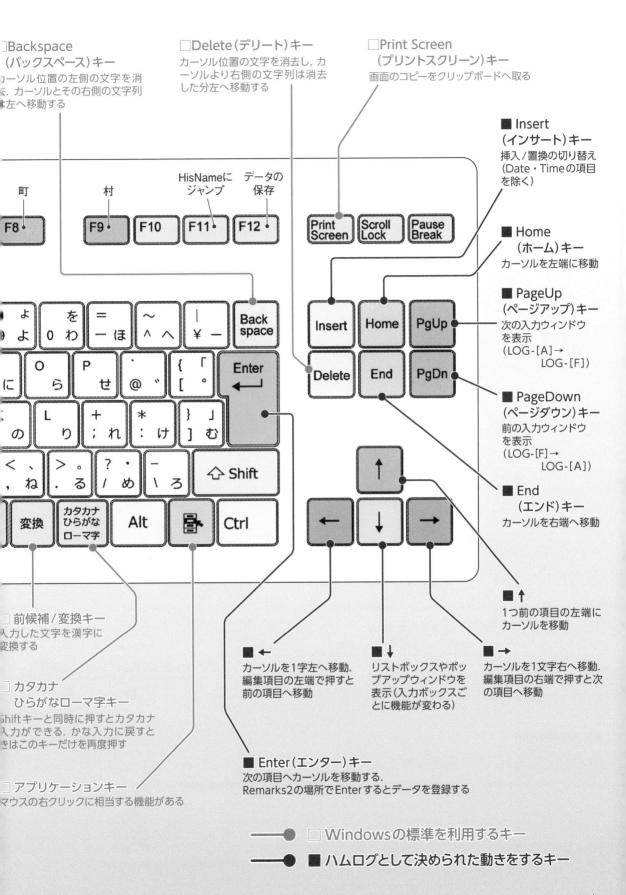

□Backspace（バックスペース）キー
カーソル位置の左側の文字を消去. カーソルとその右側の文字列は左へ移動する

□Delete（デリート）キー
カーソル位置の文字を消去し, カーソルより右側の文字列は消去した分左へ移動する

□Print Screen（プリントスクリーン）キー
画面のコピーをクリップボードへ取る

■Insert（インサート）キー
挿入／置換の切り替え（Date・Timeの項目を除く）

■Home（ホーム）キー
カーソルを左端に移動

■PageUp（ページアップ）キー
次の入力ウィンドウを表示（LOG-[A]→ LOG-[F]）

■PageDown（ページダウン）キー
前の入力ウィンドウを表示（LOG-[F]→ LOG-[A]）

■End（エンド）キー
カーソルを右端へ移動

町　F8

村　F9　F10

HisNameにジャンプ　F11

データの保存　F12

Print Screen　Scroll Lock　Pause Break

Insert　Home　PgUp

Delete　End　PgDn

Back space

Enter

↑ Shift

変換　カタカナ ひらがな ローマ字　Alt　Ctrl

↑　←　↓　→

■↑
1つ前の項目の左端にカーソルを移動

□前候補／変換キー
入力した文字を漢字に変換する

□カタカナ ひらがなローマ字キー
Shiftキーと同時に押すとカタカナ入力ができる. かな入力に戻すときはこのキーだけを再度押す

□アプリケーションキー
マウスの右クリックに相当する機能がある

■←
カーソルを1字左へ移動. 編集項目の左端で押すと前の項目へ移動

■↓
リストボックスやポップアップウィンドウを表示（入力ボックスごとに機能が変わる）

■→
カーソルを1文字右へ移動. 編集項目の右端で押すと次の項目へ移動

■Enter（エンター）キー
次の項目へカーソルを移動する. Remarks2の場所でEnterするとデータを登録する

──● □Windowsの標準を利用するキー

──● ■ハムログとして決められた動きをするキー

7

● 付属CD-ROM紹介

本書付属のCD-ROMにはハムログのソフトやハムログに関係するデータを収録しています.
また解説記事と連動したスライドショーによるハムログの解説が収録されています.

●スライドショーメニュー

Windowsパソコンを立ち上げて
CD-ROMをセットし, アイコンをクリ
ックするとメニューを表示します.
スライドショーメニューをクリック
すると, スライドショーを開始します.
パソコンの音量を適切に調節してお
楽しみください.

①オープニング

スライドショーの使い方を解説します.

②ハムログのインストール

ハムログの簡単インストールを解説します.

③ 交信データの登録

入力ウィンドウから交信データを登録する方法を解説します.

■ハムログの簡単インストール

インストーラを起動します. Enterキーを押していくだけでインストールが完了します.

インストールの流れは
第2章で解説します

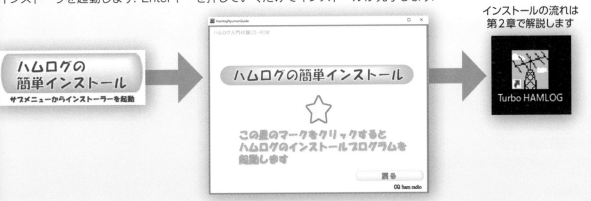

■素敵なQSL CARDのインストール

素敵なQSLカードの定義ファイルと背景画像をハムログフォルダへインストールします.

素敵なQSLカードは
5種類

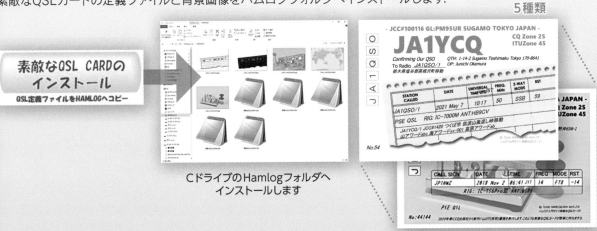

CドライブのHamlogフォルダへ
インストールします

● ハムログに添付されているQSLカード

ハムログをインストールすると，ここに紹介するQSLカード定義ファイルが利用できます．
ハムログユーザはQSL定義ファイルのデータを適切に修正して利用することができます．

① jg1mou1.qsl

縦型．局長印が用意されていて定義ファイルからコールサインを修正するだけで使えます．VYFBです

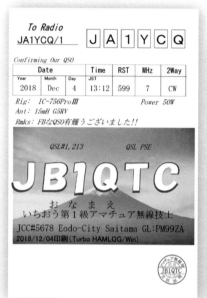

② jg1mou3.qsl

縦型．コールサインは斜めに印刷します

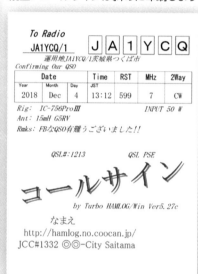

③ 白紙縦.qsl

縦型．②との違いはDateの年が2桁であること，TimeのJSTとUTCの表現で

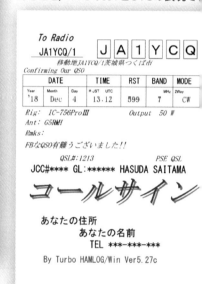

⑥ 両面印刷.qsl

白紙のハガキの両面を使ってQSLカードを印刷します

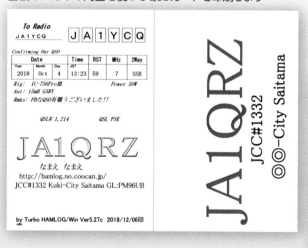

⑦ 白紙横.qsl

横型．白紙のハガキを使ってQSLカードを印刷します

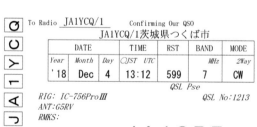

④ FiveQSO.qsl

1枚のQSLカードに最大5件分のQSOデータを印刷します. コンテストなどで複数バンドの交信をまとめて発行できます

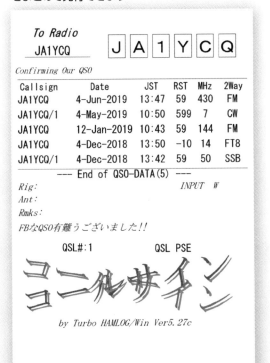

⑤ Onoue1.qsl

オノウエ印刷のQSLカードにQSOデータを印刷します

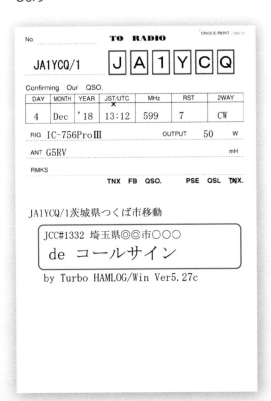

⑧ Label.qsl

ラベルにQSOデータを印刷します

⑨ to_SWL.qsl

SWL向けのQSLカードを印刷します

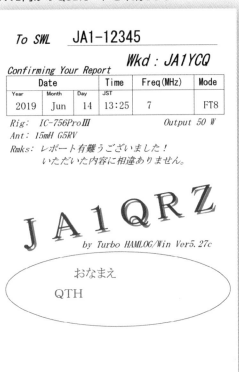

● 素敵なQSLカード

素敵なQSLカードとは, 本書付属CD-ROMに付いてくるハムログ用のQSL定義ファイルと背景画像です.
手軽にFBなQSLカードを作ってハムの運用を楽しむことを目的とし, 素敵なQSLカードと呼ぶことにします.

① 素敵なQSL CARD1
テーマ　斜めのログ帳に交信記録を印刷

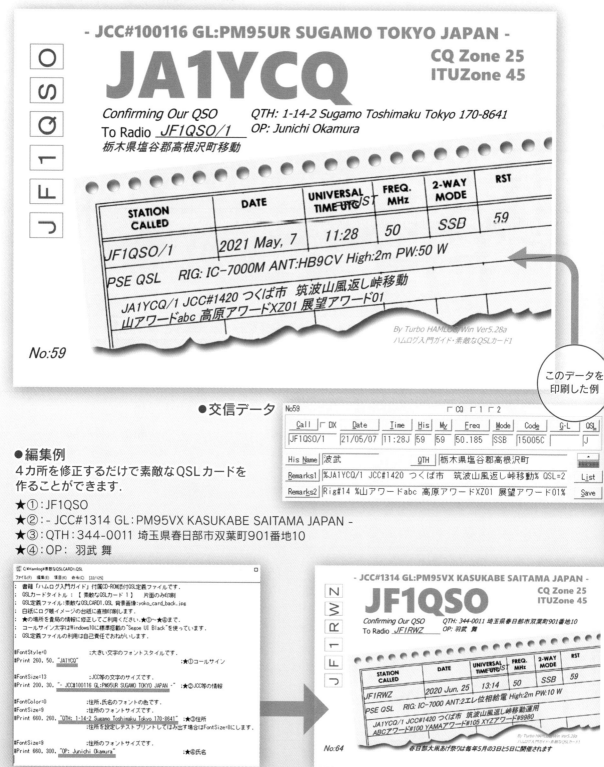

●交信データ

●編集例
4カ所を修正するだけで素敵なQSLカードを
作ることができます.
★①：JF1QSO
★②：- JCC#1314 GL：PM95VX KASUKABE SAITAMA JAPAN -
★③：QTH：344-0011 埼玉県春日部市双葉町901番地10
★④：OP：羽武 舞

素敵な QSL CARD2

テーマ　斜めのログ帳に白ヌキ文字で交信記録を印刷

コールサインのフォントを工夫（第3章 3-3 IVで解説）

義ファイルの編集に慣れてきたら好みのフォントに挑戦.
ットからフリーのフォントを探してきてインストールしましょ
う. 手書きフォントも楽しいですネ.
のサンプルはフリーの「うずらフォント」です.
FontName="うずらフォント" と指定します.

素敵な QSL CARD4

テーマ　世界地図

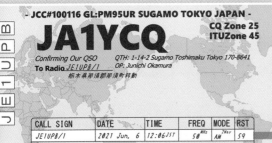

敵なQSL CARD4と5のデータ欄は背景が透き通らない
うに白で欄を埋めています.
景のファイル名は
敵なQSL CARD4は「yoko_card_back4.jpg」,
敵なQSL CARD5は「yoko_card_back5.jpg」です.

敵なQSL CARD3〜5は背景画像を入れ替えて, 貴局のオ
ジナルカードを作ることもできます. 素敵なQSL CARDを
成しましょう.

③ 素敵な QSL CARD3

テーマ　ビンテージリグ

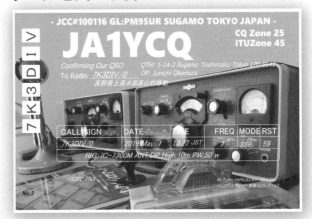

素敵なQSL CARD3データ欄も含めて全て白ヌキ文字とし
ています.
文字が読めるように背景は全体的に濃い画像を使います.
背景のファイル名は「yoko_card_back3.jpg」です.

手書き風フリーフォントを利用（3章 3-3 IVで解説）

JCC#1420 つくば市移動（みかちゃんフォント）
JCC#1420 つくば市移動（うずらフォント）

⑤ 素敵な QSL CARD5

テーマ　電鍵

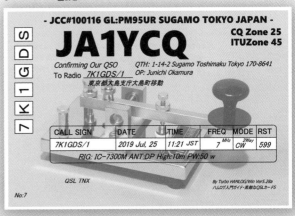

● さらに素敵なQSLカード

本書付属CD-ROMにはQSLカード用の画像素材を添付しています. この画像を使って, QSL定義ファイルの
データを適切に編集すれば, ハムログから素敵なQSLカードを印刷することができます.
自分がデジカメやスマホで撮影した写真を使ってさらに素敵なオリジナルQSLカードを作りましょう.

①② 移動運用のQSLカード（車移動）

「素敵なQSL CARD3.qsl」+「yoko_card_back61 (62).jpg」

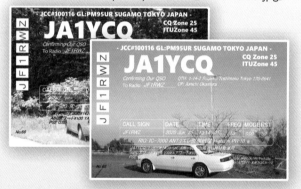

③ 山岳移動のQSLカード（1）

「素敵なQSL CARD4.qsl」+「yoko_card_back51.jpg」

④ 山岳移動のQSLカード（2）

「素敵なQSL CARD5.qsl」+「yoko_card_back56.jpg」

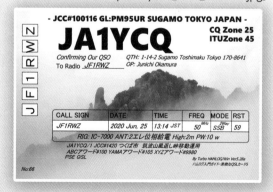

⑤ 好みの画像で作るQSLカード

「素敵なQSL CARD5.qsl」+「おひな様のイラスト画像.jpg」

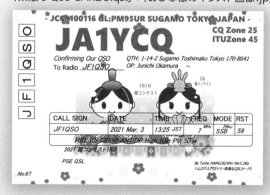

もくじ

1 ハムログを始めよう

Turbo HAMLOG/Win（以下，ハムログ）は，JG1MOU 浜田 博さんが作成したアマチュア無線用の業務日誌（ログ）をパソコンで管理するフリーソフトウェアです．
　すでにこのハムログを使ってハムを楽しんでいる方が大勢いますが，最近ハムを始められた方，また何年ぶりかで復活された方，さらにハムログは使いたいけれどもパソコンを使ったことがないので心配，とお悩みの方へ．本書は，パソコン入門者の方にも分かりやすくハムログを解説します．

1-1　ハムログの勧め

なぜハムログは多くの支持を得ているのでしょうか．

1980年代後半にDOS版として登場したハムログは，多くのユーザーや開発協力者に支えられ，作者の浜田 博さんにより絶え間なく機能強化されています．便利な機能が増えながらも性能を維持し続けていることが人気の理由です．

ハムログを使うとここが楽しい

● リアルタイム・ロギングの醍醐味

ハムの楽しさは，なんといっても偶然の出会いにあります．

CQを出して，それを聞いていたハムが応答してファーストQSOをする．また，しばらく経ってセカンドQSOをする．それぞれが偶然に行われます．

あまり日が経たないうちにセカンドQSOした場合は記憶にも残っていますが，久しぶりのQSOとなると，コールサインも，その時に何を話したかも記憶にありません．

久しぶりのQSOであるということがQSO中に分かり，その話をすることができるのが，ハムログを使ってリアルタイム・ロギングをする醍醐味です．

JG1MOU　浜田 博さん

1-2　こんなことができるハムログ

ハムログは数万件の交信データを瞬時に検索し，過去に交信していればその履歴を，瞬きする間もなく一覧表示してくれます．

また，未交信であれば，ファーストQSOであることを知らせてくれます．

ハムログ作者の浜田さんにお聞きしました．
　「なぜこんなに早く検索できるのですか？」
（浜田さん談）「一般的には開発ツールに付属している出来合いのデータベース・エンジンを使うのですが，ハムログではこのデータベース・エンジン

を特別に作成しています」

素早い検索を実現できるのは，ハムログ用の特別製データベース・エンジンが搭載されているからなのです．

I　こんなことができる ハムログの運用

ハムログを使うと，さまざまな情報をリアルタイムで表示することができます（p.3，ハムログ概要参照）．

① 交信履歴の表示

ファーストQSOかどうかを表示します．

② 過去交信の履歴

過去交信の周波数モード，何回目の交信か，前回の交信日時，Remarks，移動地（QTH）を表示します．

③ QSLカード受領情報

QSLカードの送り受けの情報を表示します．

QSLカードの画像を取り込んでおけばヒットした時に表示できます．

④ 交信相手のQTHとの交信状況

入力ウィンドウのQTH欄で「↓」キーを押すことにより，「市・郡」，「区・町・村」について「全バンドを通じて」，「利用中のバンドで」，「利用中のモードで」，「利用中のバンド・モードで」の交信履歴を検索して表示することができます．

⑤ 交信相手のQTHとのバンドごとの交信状況

「Code」欄で「↓」キーを押すことにより，バンドごとの交信状況と，交信相手の役場（相手局の運用場所の都道府県・市区町村の）の緯度経度を知ることができます．

II　こんなことができる ハムログの機能

ハムログには，ハムの運用を楽しむための機能が豊富に用意されています．ここでは，その概要を説明します．

① QSLカードの印刷

ハムログの大きな魅力として，QSLカード印刷機能があります．

既製のQSLカードのデータ欄へ交信データを埋め込み印刷することも，白紙のはがき用紙にJARL転送枠やデータ枠を含めて印刷することもできます（第3章 3-2参照）．

② ログの印刷

ログ帳やアワード申請用のログの写しを印刷する機能があります（第3章 3-1参照）．

③ 検索機能

各種の検索機能を用意しています（第4章 4-1参照）．

④ データ入力支援

入力を簡単にするため，ユーザーリストを使用できます（第2章 2-6参照）．

Turbo HAMLOGユーザーリスト（ファイル名：userlist.usr）は，ハムログユーザーの方が自らの意思で情報を公開し合って楽しむためのものです．

ハムログユーザーに登録していて，インターネットに接続されている場合は，免許状Get's機能を利用して，総務省の免許状情報ページからQTHを取得し，ハムログに取り込むことができます．

⑤ 交信相手との距離と方位

自局の緯度・経度を登録しておくと，交信相手との距離と方位を入力ウィンドウに表示してくれる機能があります．ビーム・アンテナをお使いの場合は，アンテナを回す方角がすぐに分かります（第2章 2-4 環境設定・設定3参照）．

⑥ ネットワーク

ユーザーリストGet'sや免許状Get's機能があります．

⑦ リグ接続

リグと接続して周波数やモードを取り込む機能，またCQマシーン機能も用意されています．

⑧ データ連携

① QSLカードの印刷　② ログの印刷　⑤ 交信相手との距離と方位

③ 検索機能

⑥ ネットワーク機能

• ユーザーリストGet's

• 免許状（総務省）

⑦ リグ接続機能

④ データ入力支援
• ユーザーリスト
• 免許状Get's

⑧ データ入力支援
ADIFファイルを出力
eQSL（電子QSL）
LoTW（Logbook of the World）
コンテストの電子申請
アワードの電子申請等

⑨ バックアップ機能

周波数やモードを取り込む機能
CQマシーン

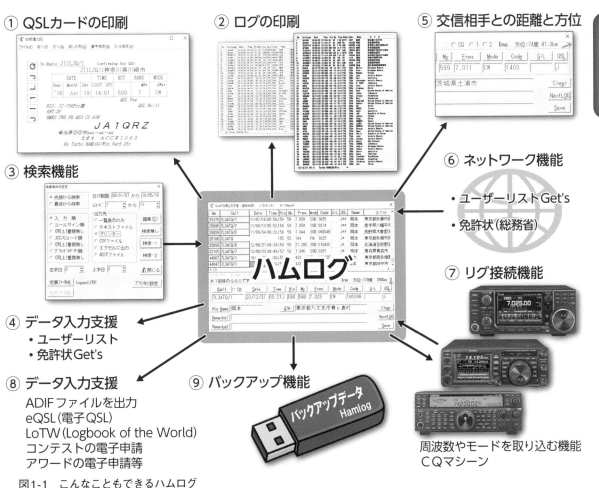

図1-1　こんなこともできるハムログ

　ハムログからADIFファイルを出力し，eQSL（電子QSL）やLoTW（Logbook of the World）の利用，コンテストやアワードの電子申請などに利用できます．

　ADIF（Amateur Data Interchange Format）とは，アマチュア無線の交信記録データを異なったソフトウェア間でやりとりするときに使用する統一データフォーマットのことです．

⑨ QSOデータのバックアップ（最も重要）

　ハムログを利用するときは「自分のデータは自分で守る」を常に頭に入れて運用します．

　「天災は忘れた頃にやってくる」と言いますが，データのバックアップはこまめに取りましょう！（第2章 2-5参照）．

1-3　ハムログ用のパソコンを準備しよう

　ハムログはWindows系のOSで動きます．

　WindowsのOSは，Microsoft社が開発したパソコン用の基本ソフトウェアです．

　ハムログを動かすためのハードディスクの容量は，OSも含めて32GBあれば十分です．

　予算が許せばパソコンの起動時間が速いSSD（ソリッドステートドライブ）搭載のパソコンをお勧めします．

1-4 ハムログを使うための7つの基本操作

ハムログを使うために7つの基本操作を覚えよう

1. 電源ONとログオン
2. ログオフと電源OFF
3. プログラムの起動と終了
4. 文字の入力や修正
5. マウスの操作
6. ファイルの観察
7. ファイルを開く

図1-2
パソコンの電源ON

「ハムログを使いたいけれども，パソコンを使ったことがないので心配！」とお悩みの方から，「どの程度パソコンが使えればハムログを利用できますか？」との質問がありましたので，これにお答えします．

ハムログを使うためにはパソコンの基本として，次の7つの操作ができるようにしましょう．

（1）電源ONとログオン

パソコンをスタートする方法を覚えましょう．

図1-2に示すようにパソコンの電源を入れます．

電源を入れてしばらく待つと，ログオン画面が表示されます．パスワードが設定されている場合はパスワードを入力しましょう．しばらく待つとWindowsが立ち上がります．

（2）ログオフと電源OFF

パソコンの終了方法を覚えましょう．

終了するには，Windowsデスクトップ上のスタートメニューから終了オプションを選択して，パソコンをシャットダウンします．

パソコンは家電ではないので，いきなりコンセントを抜いたり元電源を切ったりしてはいけません．

図1-3に示す手順でシャットダウンを行えば，パソコンの電源は自動的に切れます．

① スタートボタンをマウスクリックします．

すぐ上の電源マークをクリックします．

② 右側に出てくるポップアップメニューから「シャットダウン」をマウスクリックします．

（3）プログラムの起動と終了

パソコンのデスクトップ上のアイコンをダブルクリックしてプログラムを起動します．

各アプリケーションのファイル・メニューから，あるいはタイトルバーの「×」をクリックしてプログラムを終了させることを覚えましょう．

●デスクトップ上のアイコンから起動

図1-4に示すように，デスクトップ上のアイコンをダブルクリックすると，目的のプログラムを起動することができます．

●「×」ボタンによるプログラム終了

Windowsのプログラムには，タイトルバーの右側に赤い「×」ボタンが必ずあります．

図1-5に示すように，「×」ボタンをクリックす

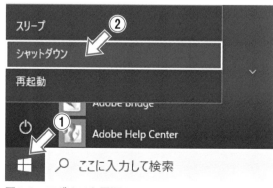

図1-3 ログオフと電源OFF

図1-4 デスクトップのアイコンから起動

図1-5 ×をクリックして終了

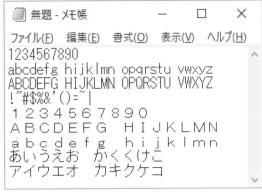

図1-7 メモ帳で文字入力の練習

図1-6 メモ帳の起動

図1-8 マウスの持ち方

るとプログラムが終了します.

(4) 文字の入力や修正

練習のためにWindowsで用意されている「メモ帳」を起動して,キーボードから英字,数字,記号を入力したり修正したりすることを覚えましょう.

「メモ帳」を起動させるには,**図1-6**に示すとおり,「スタート」-「Windowsアクセサリ」-「メモ帳」とたどります.

「メモ帳」が開いたら,**図1-7**に示すようにキーボードから文字の入力や修正の練習をしましょう.

キーボードの操作は,「**1-5 キーボードに慣れよう**」を参照してください.

(5) マウスの操作

マウスでプログラムを起動したり,フォルダを開いたり,またウィンドウのサイズを調節したり表示位置をそろえたりすることができます.

● マウスの持ち方

図1-8に示すように,マウスは右手人差し指と

中指をそれぞれのボタンの上にそっと乗せ,親指と薬指や小指で両横から包み込むように持ちます.

マウスを少し持ち上げて位置を戻すことで移動する距離を延ばせます.

図1-9(p.24)に示すように,マウスの操作には「クリック」,「ダブルクリック」,「右クリック」とあるので,それぞれ試してみましょう.

● マウスドラッグ

マウスの左ボタンを押したままマウスを移動させる操作のことを,マウスドラッグと言います.

マウスを引きずるという意味で,範囲を指定したり,場所を移動したりするときに使います.

(6) ファイルの観察

Windowsで用意されている「PC」または「エクスプローラ」を利用して,フォルダ内のファイルを観察することを覚えましょう.

デスクトップ上に「PC」あるいは「コンピュータ」がある場合は,これをダブルクリックします.

見あたらない場合は,「スタート」-「Windowsシ

① **クリック**
左側のボタン（人さし指）を
1回ポンと軽く叩く

メニュー選択で使う

② **ダブルクリック**
左側のボタン（人さし指）を
2回ポンポンと軽く叩く

ハムログを
デスクトップから
起動する時に使う

③ **右クリック**
右側のボタン（中指）を
1回ポンと軽く叩く

データの「コピー」や「貼り付け」,
ハムログの入力ウィンドウの
メニューで使う

図1-9　マウスの操作

ステムツール」とたどり，「PC」をクリックします．

すると，**図1-10**に示すように「PC」が開き，ドライブが見えます．

（C：）が1台目のハードディスクまたはSSDです．ハムログのインストール先の既定値は，Cドラ

イブ下のHAMLOGフォルダとなります．

以降，CドライブのHAMLOGフォルダのことを「C：¥HAMLOG」と表現します．

HAMLOGフォルダの中には，ハムログのプログラムHamlogw.exeやQSOデータHamlog.hdb,

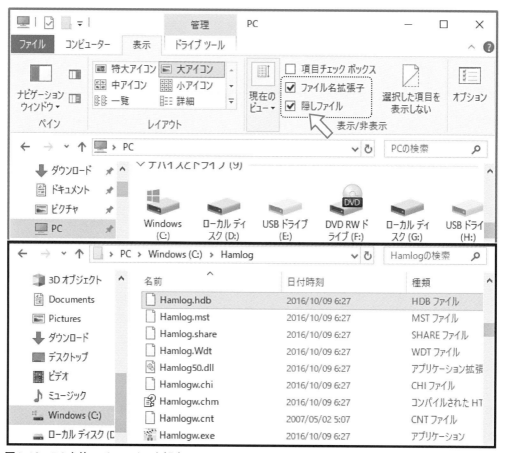

図1-10　PCを使ってファイルを観察

その他の管理ファイルが格納されています.

●拡張子を覚えよう

「Hamlog.mst」や「Hamlog.hdb」のように，ファイル名のピリオドの後には「mst」「hdb」と3文字の記号が付いています．これを拡張子と呼びます．拡張子は，ファイルの種類を見分けるために使われます.

- .exe 実行形式のプログラム
- .hdb ハムログのHDBファイル（交信データ）
- .mst ハムログのMSTファイル（住所マスタ）
- .qsl ハムログのQSL定義ファイル
- .txt テキストファイル

- .zip ZIPで圧縮されたファイル

「PC」でファイルを観察した時に拡張子が表示されない場合は，図1-10に示す「PC」の画面から「表示」をクリックし「ファイル名拡張子」にチェックマークを入れます．これで拡張子が表示されます.

(7) ファイルを開く

Windowsで用意されている「PC」を利用してフォルダ内の目的のファイルを探し出し，それをダブルクリックすることで，そのファイルを開くことができます.

1-5　キーボードに慣れよう

キーボードには文字を入力するための文字キーと，改行や文字変換をするための機能を持ったキーの2種類があります.

図1-11（pp.26-27）で，Windowsで用意された基本機能とハムログで用意された機能を説明しています．この機能は覚えておきましょう.

では，図1-7（p.23）に示すメモ帳を開いて文字入力の練習をしてみましょう.

● 英字を入力する

① 文字を入力する場所をクリックします.

　入力欄に「｜」が点滅していれば入力ができます.

②「半角/全角」と書かれているキーⒶを押します.

　図1-12（p.28）に示す言語バーに「A」と表示されていることを確認します.

③ キーボードを見るとアルファベットが書かれています.

　入力したいアルファベットが書かれているキーを押すと，入力ができます.

　大文字を入力するときは，「Shift」キーⒷを押しながら，入力したいアルファベットのキーを押

します.

● 数字を入力する（半角）

① 文字を入力する場所をクリックします．入力欄に「｜」が点滅していると入力ができます.

②「半角/全角」と書かれているキーⒶを押します.

　図1-12（p.28）に示す言語バーに「A」と表示されていることを確認します.

③ キーボードを見ると数字が書かれています.

　入力したい数字のキーⒸを押すと，入力ができます.

　全角の数字もありますが，ハムログで入力できる数字は半角となっています.

● 記号を入力する

① 文字を入力する場所をクリックします.

　入力欄に「｜」が点滅していれば入力ができます.

　「半角/全角」と書かれているキーⒶを押します.

図1-12（p.28）に示す言語バーに「A」と表示されていることを確認します.

② キーには文字以外の記号も書かれています.

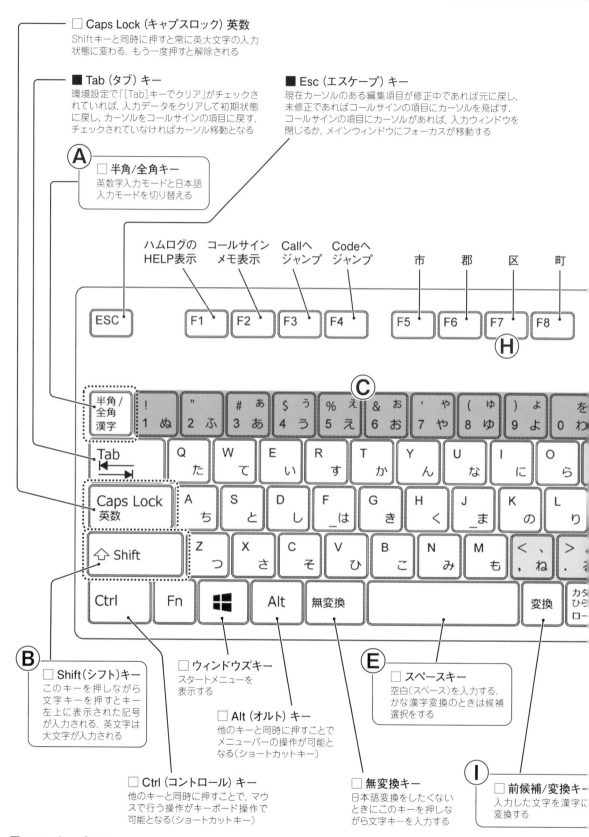

□ **Caps Lock (キャプスロック) 英数**
Shiftキーと同時に押すと常に英大文字の入力
状態に変わる. もう一度押すと解除される

■ **Tab (タブ) キー**
環境設定で「[Tab]キーでクリア」がチェックさ
れていれば, 入力データをクリアして初期状態
に戻し, カーソルをコールサインの項目に戻す.
チェックされていなければカーソル移動となる

■ **Esc (エスケープ) キー**
現在カーソルのある編集項目が修正中であれば元に戻し,
未修正であればコールサインの項目にカーソルを飛ばす.
コールサインの項目にカーソルがあれば, 入力ウィンドウを
閉じるか, メインウィンドウにフォーカスが移動する

A
□ **半角/全角キー**
英数字入力モードと日本語
入力モードを切り替える

ハムログの　　コールサイン　Callへ　　　Codeへ
HELP表示　　メモ表示　　　ジャンプ　　ジャンプ　　　　市　　　　郡　　　　区　　　　町

C

B
□ **Shift(シフト)キー**
このキーを押しながら
文字キーを押すとキー
左上に表示された記号
が入力される. 英文字は
大文字が入力される

□ **ウィンドウズキー**
スタートメニューを
表示する

□ **Alt (オルト) キー**
他のキーと同時に押すことで
メニューバーの操作が可能と
なる(ショートカットキー)

□ **Ctrl (コントロール) キー**
他のキーと同時に押すことで, マウ
スで行う操作がキーボード操作で
可能となる(ショートカットキー)

E
□ **スペースキー**
空白(スペース)を入力する.
かな漢字変換のときは候補
選択をする

□ **無変換キー**
日本語変換をしたくない
ときにこのキーを押しな
がら文字キーを入力する

I
□ **前候補/変換キー**
入力した文字を漢字に
変換する

図1-11　キーボード

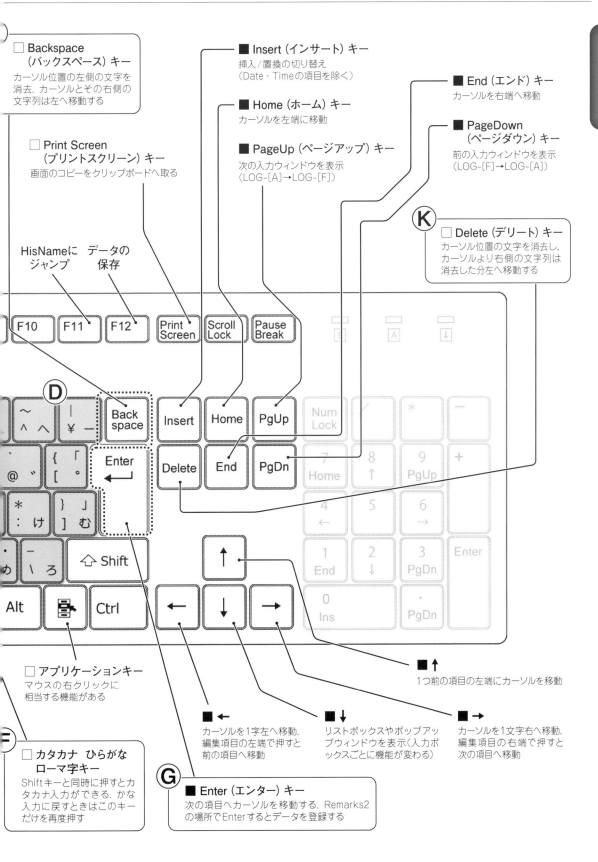

☐ Backspace
（バックスペース）キー
カーソル位置の左側の文字を
消去. カーソルとその右側の
文字列は左へ移動する

☐ Print Screen
（プリントスクリーン）キー
画面のコピーをクリップボードへ取る

HisNameに　データの
ジャンプ　　保存

■ Insert（インサート）キー
挿入／置換の切り替え
（Date・Timeの項目を除く）

■ Home（ホーム）キー
カーソルを左端に移動

■ PageUp（ページアップ）キー
次の入力ウィンドウを表示
（LOG-[A]→LOG-[F]）

■ End（エンド）キー
カーソルを右端へ移動

■ PageDown
（ページダウン）キー
前の入力ウィンドウを表示
（LOG-[F]→LOG-[A]）

☐ Delete（デリート）キー
カーソル位置の文字を消去し,
カーソルより右側の文字列は
消去した分左へ移動する

☐ アプリケーションキー
マウスの右クリックに
相当する機能がある

■ ↑
1つ前の項目の左端にカーソルを移動

■ ←
カーソルを1字左へ移動.
編集項目の左端で押すと
前の項目へ移動

■ ↓
リストボックスやポップアッ
プウィンドウを表示（入力ボ
ックスごとに機能が変わる）

■ →
カーソルを1文字右へ移動.
編集項目の右端で押すと
次の項目へ移動

☐ カタカナ　ひらがな
ローマ字キー
Shiftキーと同時に押すとカ
タカナ入力ができる. かな
入力に戻すときはこのキー
だけを再度押す

■ Enter（エンター）キー
次の項目へカーソルを移動する. Remarks2
の場所でEnterするとデータを登録する

図1-12　言語バー

キーボード⑩グループの左下に書かれている記号なら，そのままキーを押せば入力できます．

キーの左上に書かれている記号を入力したい場合は，Shiftキーを押しながら記号の書かれているキーを押します．

● スペース (空白) を入力する

スペースキー⑫を押すと入力ができます．入力モードが半角のときは半角スペース，全角のときは全角スペースが入力されます．

● 日本語を入力する
　(ひらがなを入力する)

① 文字を入力する場所をクリックします．
入力欄に「｜」が点滅していると入力ができます．

② 入力モードをひらがなモードにします．「カタカナ　ひらがな　ローマ字」キー⑫を押します．

図1-12に示す「言語バー」を見て，入力モードが「あ」になっていることを確認します．

③ キーボードを見ると，「ひらがな」が書かれています．入力したい「ひらがな」のキーを押すと，入力ができます．

④ エンターキー⑥を押して確定します．

● カタカナを入力する

① 文字を入力する場所をクリックします．
入力欄に「｜」が点滅していると入力ができます．

② 入力モードをひらがなモードにします．「カタカナ　ひらがな　ローマ字」キー⑫を押します．

図1-12に示す「言語バー」を見て，入力モードが「あ」になっていることを確認します．

③ キーボードを見ると，「ひらがな」が書かれています．入力したいひらがなのキーを押すと，入力ができます．

④ 「F7」キー⑪を押します．「ひらがな」が「カタカナ」に変換されます．

⑤ エンターキー⑥を押して確定します．

● 漢字を入力する

① ひらがな入力の①～③までを行い，入力したい漢字の読みをひらがなで入力します．

② 「前候補　変換 (次候補)」と書かれているキー (変換キー)①を押します．「ひらがな」が「漢字」に変換されます．

③ ほかの漢字に変換したい時は，入力したい漢字が出るまで「変換」キー①を何度か押します．

④ エンターキー⑥を押して文字を確定します．

● 文字を削除する

「Backspace」キー①を押すと，カーソルの前の文字を消します．

「Delete」キー⑯を押すと，カーソルの後の文字を消します．

カーソルは矢印キーで動かします．

2 ハムログの基本

ハムログは，入力のしやすさや間違えた場合の訂正のしやすさを本題とし，リアルタイム・ロギングを目的として開発されています．

本章では，リアルタイム・ロギングのための基本として，ハムログを使うためのインストールから環境設定，基本的な操作とデータのバックアップなどを解説します．

本章では，ウィンドウの名前は「**太字**」で表し，ボタンなどのクリックすべき箇所は［**太字**］で表します．また，ウィンドウ上に示される文字列は **太字** で表します．丸数字は図の該当箇所を示すものとします．

■例 図と本文の対応関係

例えば，このウィンドウのことは，本文では「**環境設定**」ウィンドウと記されます．タブやボタンなどのクリックすべき箇所はそれぞれ［**設定1**］，［**設定2**］…，［**←色**］等と表され，ウィンドウ上の文字列は **タイトル 入力ウィンドウ** のように表されます．本文でOKボタンを示すときは，①［**OK**］ボタンのように記される場合があります．

2-1 インストール

ハムログを使うためには，ハムログのソフトウェアを入手してパソコンへインストールする必要があります．

本書の付属CD-ROMには，ハムログのソフトウェア Ver.5.28aを収録しています．

パソコン入門者の方でも簡単にインストールできるように，CD-ROMメニューから［**簡単インストール**］をクリックするだけでインストーラを起動できるようになっています．

I 付属CD-ROMからインストール

まず，パソコンの電源を入れログオンします．

1. 付属CD-ROMを起動する

本書の付属CD-ROMをパソコンにセットします．10秒ほど待ってデスクトップから［**PC**］を起動すると，CD-ROMまたはDVDドライブに［**CQハムログ入門**］のアイコン（p.30，**図2-1**）が現れ

図2-1　「CQハムログ入門」のアイコン

るのでこれをダブルクリックします.

　数秒待つとメニュー（**図2-2**）が表示されます.

　右上の①［**ハムログの簡単インストール**］をクリックします.

　図2-3にハムログの簡単インストールの流れを示します.

2. ハムログの簡単インストール

　簡単インストールの確認画面が出るので, ②の［☆］をクリックします.

3. ユーザーアカウント制御

　Windowsから「**ユーザーアカウント制御**」ダイヤログが出たら, ③［**はい**］をクリックします.

図2-2　「ハムログの簡単インストール」をクリック

　「**セキュリティの警告**」が出たら［**実行**］をクリックします.

4. ハムログのインストールプログラム

　ハムログのインストールプログラムが開始されます.

　「**Turbo HAMLOG/Winのインストールを開始します**」の画面が出たら④［**はい**］をクリックします.

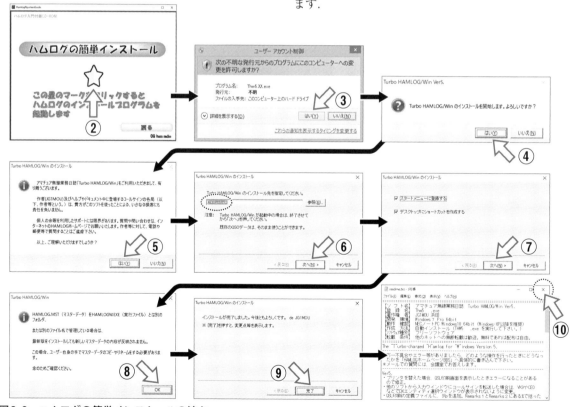

図2-3　ハムログの簡単インストールの流れ

5. 作者からのお礼とお願い

作者からのお礼とお願い事項が表示されます.
一読して⑤[はい]をクリックします.

6. インストールするフォルダの指定

ハムログをインストールするフォルダの指定画
面が出ます. 通常は既定値のまま⑥[次へ]をク
リックします.

初心者であれば, なるべく既定値のままインス
トールすることをお勧めします.

7. スタートメニューの登録など

スタートメニューの登録とデスクトップにアイ
コンを置くかの指定画面が出ます.

既定値のまま⑦[次へ]をクリックします.

8. ユーザーごとの設定

「HAMLOG.MSTをHAMLOGW.EXEとは別
のフォルダで管理している場合は〜…」と聞いて
くるので, 通常は既定値のまま⑧[OK]をクリッ
クします.

9. 完了のメッセージ

インストールが完了すると「インストールが完
了しました」のメッセージウィンドウが出るので,
⑨[完了]をクリックします.

10. 変更点のお知らせの表示

インストールが完了すると, 変更点のお知らせ
「readme.txt」がメモ帳で表示されます.

一読してウィンドウ右上の⑩[×]をクリックし
て, 終了します.

以上でハムログのソフトウェアのインストール
は完了です.

デスクトップ上にハムログのアイコン(水色の
アンテナタワーのアイコ
ン, 図2-4)ができてい
るはずです.

このアイコンをダブ
ルクリックすると, ハム
ログが自動的に立ち上
がります.

図2-4 ハムログのアイコン

Ⅱ 不審なファイルのブロック

ハムログにはデジタル署名がありません. その
ため, インストール時や実行時にウイルス扱いさ
れることがあります.

ハムログはリリース時に十分にウイルスチェッ
クがされていますが, 図2-5に示すような不審な
ファイルのブロックのメッセージが出たら, 自己
責任で「OK」をクリックしてください.

図2-5 不審なファイルのブロック

Ⅲ 最新版ハムログの入手

ハムログのソフトウェアの最新版は, インター
ネットを使ってダウンロードすることができます.
ダウンロードの流れを図2-6(p.32)に示します.

インターネットに接続されているパソコンのイ
ンターネットエクスプローラ(またはMicrosoft
Edge)を起動し, URLを入力してEnterキーを押
します.

URL:**http://www.hamlog.com**
すると, ハムログのホームページに接続されます.

1. 最新版ソフトウェアを選択する

一番上にある①Turbo HAMLOG/Win Ver5.
NNxをクリックします(NNは数字2桁. xはアル
ファベット1桁).

2. ダウンロードページ

最新バージョンのリリース案内が表示されます.
ダウンロードをクリックする場所はこのページ

図2-6　ハムログのダウンロードの流れ

の下の方にあるので，右側のスクロールバーをマウスドラッグして下げていきます．

②［**THW5NNx.EXEのダウンロード**］と書かれた文字が出てくるので，クリックします．

3．ファイルのダウンロード

「このファイルを実行または保存しますか？」と聞いてくるので，③［**保存**］をクリックします．

ダウンロードが完了すると，「ダウンロードが完了しました」と画面が出ます．

以上で最新版ハムログの入手は完了です．

IV　ダウンロードしたハムログのインストール

ハムログのソフトウェアのダウンロードが完了したら，さっそくインストールしましょう．

デスクトップの［**PC**］をダブルクリックして［**ダウンロード**］フォルダを指定します．

すると**図2-6**の④に示すように，フォルダの中に保存されている「Thw5NNx.exe」または「Thw5NNx」が見えます．

この「Thw5NNx.exe」または「Thw5NNx」をダブルクリックします．

すると**2-1**の**I**項の**4**から解説した流れでイン

ストールプログラムが動作します．

この解説に従ってインストールします．

まずWindowsのデスクトップにハムログのアイコン（p.31，**図2-4**）ができているかを確認します．

V　ハムログのバージョンアップ

ハムログのバージョンアップは，機能強化や新しく追加された機能を使う，あるいはバグ対応されたものを使う目的と，市町村合併などで変更になったマスターファイルを新しくするために行います．

バージョンアップ作業とは，最も大事な交信データと，環境設定やQSLカードの定義ファイルなどを受け継ぎつつ，新しくリリースされたプログ

図2-7　QSL定義ファイルのワーニングメッセージ画面

ラムに置き換える作業です.

ハムログのバージョン名は,「5.31a」のように3つの数字と1つの英字で表されています.

最上位の数字が変わる場合は構造の見直しも含めた大きな変更があったときです.

現在使っているバージョンとバージョンアップしようとしているものとで,何が追加され,何が改善されているのかを,変更点のお知らせを読んで理解してから作業を行いましょう.

● バージョンアップ作業実施時の留意点

バージョンアップの流れは新規インストールと同じです.バージョンアップ時には下記に留意しましょう.

QSL定義ファイルやLOGSHEET.fjpなどのログ帳の印刷定義ファイルの内容を修正後,オリジナルのファイル名のままで保存しておくとバージョンアップ時に上書きされ,せっかく作ったものがなくなってしまう恐れがあります.必ず名前を付けて別名で保存するようにしましょう.名前を変えずに保存してバージョンアップすると「やめておきますか?」というワーニングメッセージが出ます(図2-7).[はい]をクリックすると上書きされません.

2-2 ハムログの起動と終了

ハムログの起動方法と終了方法を解説します.

I ハムログの起動

デスクトップ上のハムログのアイコンから起動します.

ハムログを既定値でインストールすると,ハムログのアイコン(p.31,図2-4)がデスクトップにできます.

アイコンの上にマウスのカーソルを持っていき,ダブルクリックします.

● 初めて起動する

初めてハムログを起動した時だけ,「Hamlog.hdbがオープンできません!」のメッセージが出ます.これはまだデータベースができていないからです.[はい]をクリックします.

すると,ハムログの画面(p.34,図2-8)が表示されます.

上の画面をメインウィンドウと呼びます.過去の交信記録を表示します.また,このウィンドウにはハムログの各種操作をするためのメニューが

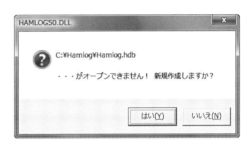

「Hamlog.hdbが
オープンできません!」
が出たら
「はい」をクリック

用意されています.

Enterキーを押すと,下の「LOG-[A]」とタイトルに表示した画面が表示されます.これを入力ウィンドウと呼び,この画面でログ(交信データ)の入力を行います.

これが
メインウインドウ

これが
入力ウインドウ

図2-8　メインウィンドウと入力ウィンドウ

Ⅱ　ハムログの終了

　入力ウィンドウが開いていたら，まずこの入力ウ

ィンドウの右上の［✕］をクリックして閉じます．
　続けてメインウィンドウの右上の［✕］もクリックして閉じます．これで終了となります．

2-3　ハムログを使う

　本項ではメインウィンドウと入力ウィンドウを使って交信データを登録したり修正したりする方法を解説します．

ココがポイント！
ハムログへの
データ入力

Ⅰ　交信データの入力

　交信データの入力は，入力ウィンドウを使って行います．
　国内局と海外局の入力ウィンドウへの入力例を図2-9に示します．入力ウィンドウの各項目につ

いて，順を追って解説します．

① Call

　交信相手のコールサインを入力します．
　入力例：JA1YCQ　JA1YCQ/S2005/1
　　　　　JA1YCQ/6　JA1YCQ/KHØ
　　　　　JA1YCQ/QRP/6　KHØ/JA1YCQ

② Date

　交信日付を，年（西暦下2桁）／月（2桁）／日（2桁）で入力します．
　通常はパソコンで設定されている日付が自動的に入力されます．

③ Time

　交信した時刻を，時（2桁）：分（2桁）＋J（JST）かU（UTC）で入力します．
　通常はパソコンで設定されている時刻が自動的に入力されます．

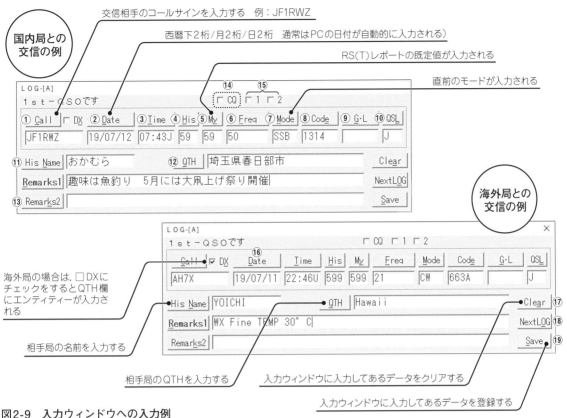

図2-9 入力ウィンドウへの入力例

④ **His**

相手局に送ったRS（T）レポート．既定値が入力されるので，必要に応じて修正します．

デジタルモード（FT8など）の場合は「－08」のようにdBで入力します．

⑤ **My**

もらったRS（T）レポート．既定値が入力されるので，必要に応じて修正します．

⑥ **Freq**

交信周波数を入力します．

直前の交信データの周波数が入力されるので必要に応じて修正します．

⑦ **Mode**

電波型式を入力します．

直前の交信データのモードが入力されるので必要に応じて修正します．

⑧ **Code**

JCC／JCG／行政区／町村／DXコードを，最大6

バイト入力します．

コードが分からない時は，次のFキー（p.6 図解ハムログキーボード を参照）を押して頭の文字を入力すると検索できます．

　　市…[F5]　　郡…[F6]　　区…[F7]

　　町…[F8]　　村…[F9]

⑨ **G・L**

G・Lにはグリッド・ロケーター（6バイト）を入力します．

⑩ **QSL**

QSL情報を入力します．1桁目はQSLの交換方法を指定します．

　　J：JARL経由で交換（既定値）

　　D：ダイレクトで交換

　　N：No QSL

　　M：QSLマネージャー経由

QSLマネージャーのコールサインは，Remarks1かRemarks2に「@」を付けて登録して

おきます.

2桁目はQSL発送済みマークとして「＊」を付けます.

3桁目はQSL受領済みマークとして「＊」を付けます.

なお, ハムログのQSL印刷機能でQSLカードを印刷すると, 自動的に2桁目に「＊」を付けることができます.

⑪ His Name

交信相手の名前を入力します.

⑫ QTH

交信相手の住所を入力します.

国内交信の場合は市区町村名を, 海外交信の場合はDXCCのエンティティー名を入力します.

⑬ Remarks1, Remarks2

備考欄として使います.

⑭ □CQ

自局のCQで交信が始まった場合や, 相手から

呼ばれて交信が始まった場合に, チェックを入れておきます.

⑮ □1　□2

これらのチェックボックスの使い方は決められておらず, ユーザーが自由に使えます.

1のチェックボックスはQSOデータを1件入力／クリアしてもチェックが残ります.

2のチェックボックスはQSOデータを1件入力／クリアした時にチェックが外れます.

使い方の例としては, 移動運用の時に1にチェックを入れておく, 1st-QSOのときは2にチェックを入れておくなど.

⑯ □DX

DX局の場合は, DXにチェックをすることにより, コールサインのプリフィックスから自動的にQTH欄にエンティティーをセットします. 通常はDX局のコールサインを入力すると自動的にチェックが入ります.

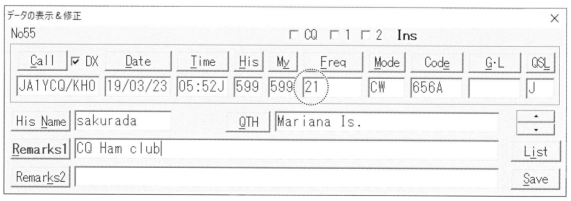

図2-10　修正前のメインウィンドウ

図2-11　データの表示＆修正ウィンドウ

コールサインだけではエンティティーが識別できない場合は，DXエンティティーを選択入力するウィンドウが開くので，↑↓キーで選択します.

⑰ [Clear] ボタン

入力ウィンドウに入力してあるデータをクリアします.

⑱ [NextLOG] ボタン

入力ウィンドウを切り替えることができます.

⑲ [Save] ボタン

入力ウィンドウのデータをハムログへ登録します.

Ⅱ　データの修正や削除

本項では誤って登録してしまったデータの修正や削除の方法を解説します.

入力したデータは，メインウィンドウに表示されます.

直前に入力したデータはメインウィンドウに表示されるので，変更や削除したいデータをダブル

クリックして修正や削除を行います.

● データの修正

1. 修正するレコードの指定

図2-10に示すJA1YCQ/KH0のデータを修正してみましょう. メインウィンドウのJA1YCQ/KH0 の行（レコードと呼ぶ）をダブルクリックします.

2. データを修正しSAVE（保存）する

図2-11に示す「データの表示＆修正」ウィンドウが開き，登録済みのデータが表示されます

仮に，周波数を修正したいとします.「28」を「21」に修正した後，[Save] をクリックします.

3. 修正の確認

図2-12に示すように，メインウィンドウを確認し，周波数が「21」に修正されたことを確認します.

以上で修正完了です.

過去に交信したデータを修正する場合，スクロ

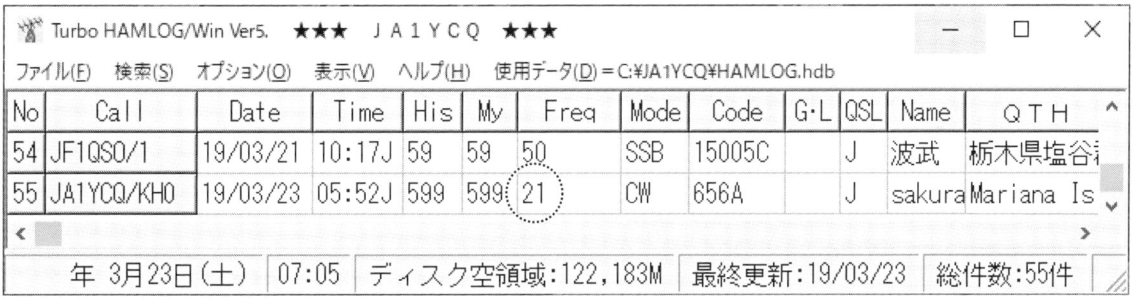

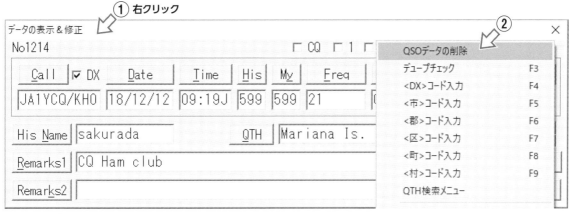

図2-12　修正後のメインウィンドウ

図2-13　データの削除

ールバーを移動しながら探すのは大変です．そのような場合は「検索」メニューから「コールサインで検索」などを利用して修正します．

● データの削除

データの削除は，修正と同じ手順で「データの表示＆修正」画面を呼び出します．

図2-13（p.37）に示す「**データの表示＆修正**」画面で，何もない灰色の場所①をマウスで右クリックするとメニューが出てきます．メニューに②［**データの削除**］があるので，これをクリックします．

データの削除は，「**データの表示＆削除**」ウィンドウを閉じた時点で実行されます．

Ⅲ　ハムログのメニュー

メインウィンドウには，ハムログを便利に使うための豊富な機能がメニューとして用意されています．

ココがポイント！
どこに何があるか
メニューを
覚えよう！

本項では各メニューの概要を解説します．

● ファイル

図2-14に示すファイルメニューは，ハムログを稼働するための各種のファイルを取り扱う機能です．

［**データのオープン**］は，ハムログで管理するQSOデータを指定します．

何もしていない場合は，規定値として「HAMLOG.MST」がオープンし，関連して「HAMLOG.HDB」がオープンします．

［**QSOデータのバックアップ**］はQSOデータを保存します．

この保存したデータを復元するための「QSOデータのリストア」の機能が用意されています．

QSOデータのバックアップとリストアについては，**本章**の2-5項で詳しく解説します．

● 検索

図2-15に示す検索メニューにはQSOデータを検索したり，検索結果を印刷したりする機能があります．

［**QSL受領マーク**］は，受領したQSLカードを元にコールサインで検索し，交信日付などで交信を特定して，ログにQSL受領マークを書き込む処理ができます．

ログを印刷する場合は［**複合条件検索と印刷**］を使います．ログの印刷については**第3章**の3-1項で詳しく解説します．

● オプション

図2-16に示すオプションメニューには，ハムログを便利に使うための各種の

Turbo HAMLOG/Win Ver5.. ★★★
ファイル(F)　検索(S)　オプション(O)　表示(
データのオープン(O)...
QSOデータのバックアップ(B)...
クイックバックアップ(Q)
QSOデータのリストア(R)...
ユーザーリスト・オープン(U)...
テキストデータ・オープン(V)...
テキストデータ・オープン(W)...
JPEG画像を開く(J)...
コール・テキストを開く(C)...
JCC/Gテキストを開く(E)...
終　了(X)

図2-14　「ファイル メニュー」画面

検索(S)　オプション(O)　　表示(V)　　ヘルプ(H
QSL受領マーク(M)...
コールサインで検索(C)...
JCCコードで検索(J)...
複合条件検索と印刷(F)...
レコード番号で検索(N)...
コールサイン部分文字列(K)...
氏名の部分文字列(A)...
QTHの部分文字列(Q)...
Remarks部分文字列(R)...
メインウインドウから検索(V)...
古い方へ向かって検索(S)
新しい方へ検索(P)

図2-15　「検索 メニュー」画面

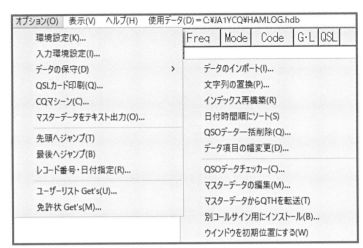

図2-16 「オプション メニュー」画面

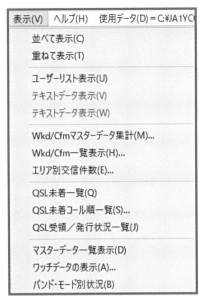

図2-17 「表示 メニュー」画面

設定機能が用意されています.

「環境設定」や「入力環境設定」,QSOデータを時間順に並べ替えたりする「データの保守」,QSLカードの定義ファイルを利用してQSOデータからQSLカードを自動的に印刷する「QSLカード印刷」機能があります.

QSLカードの印刷については**第3章**で詳しく解説します.

● 表示

図2-17に示す表示メニューでは,条件を指定してWkd/Cfm[※1]の一覧表示やエリア別交信数の表示,QSLカードの未着/未発行の状況などを表示できます.

● ヘルプ

図2-18に示すヘルプメニューでは,ハムログのヘルプが用意されています.

インターネットに接続している場合に[HAMLOGホームページ]をクリックすると,ブラウザが自動的に開き,ハムログの公式ホームページを表示します.

● 使用データ

図2-19に示す使用データメニューは,ハムログで使用中の交信データベース(Hamlog.hdb)の名前と格納場所を表示します.そして入力ウィンドウ名をクリックするとその入力ウィンドウを表示します.

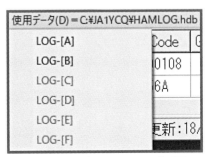

図2-18 「ヘルプ メニュー」画面

図2-19 「使用データ メニュー」画面

※1:Wkd は Worked の略で「交信済み」を意味する.また Cfm は Confirmed の略で「QSL カードを交換済み」を意味する.

2-4 ハムログの環境設定

ハムログを便利に使うために，運用スタイルに合わせた環境設定を行いましょう．

環境設定！

Ⅰ メインウィンドウの表示調節

調節で最初に行うのは，メインウィンドウの表示欄の大きさの調整です．

図2-20の①に示すように，列タイトルの Callや Dateの境目の線をマウスでドラッグ（**第1章 1-4 （5）マウスの操作**を参照）して見やすい幅に調整します．

メインウィンドウの天地のサイズは，図2-20の②に示すウィンドウの右下をドラッグして調節します．

パソコンの画面へ表示させる位置は，図2-20の③に示すタイトルバーをドラッグして調節します．

Ⅱ ハムログの環境設定

ハムログの環境設定（後述）では，自分の運用スタイルに合わせた環境設定を行います．

リアルタイム・ロギングを行うなら，パソコンのシステム日付と時刻をDateとTimeに取り込むようにします．

一括登録を行う場合は，「最終データの日付時間をコピーする」と設定し，データの異なる部分を修正しながら登録します

このように，運用スタイルに合わせた環境設定を行います．

Ⅲ 環境設定をする場所は2カ所

ハムログの環境設定は2カ所で行えます．1つは，メインウィンドウの［**オプション**］－［**環境設定**］から指定します．もう1つは，LOG-［A］と表示された入力ウィンドウの何もないところを右クリックして出てくる，ポップアップメニューの［**入力環境設定**］です．

Ⅳ メインウィンドウの環境設定

環境設定のポイントとなる部分を解説します．

メインウィンドウの［**オプション**］メニューから［**環境設定**］を指定し，環境設定画面を表示します．

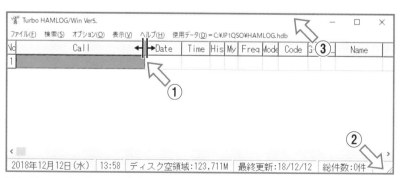

図2-20　メインウィンドウを見やすく調節

● 環境設定・設定1

（図2-21）

① タイトル **設定1**

タイトルに入力した文字がメインウィンドウのタイトル欄へ表示されます．

通常はここにコールサインを登録し，パソコンを家族で共

図2-21 環境設定「設定1」画面

有した場合は誰のログであるかが識別できます。

② 入力ウィンドウ 「B」～「F」 設定1

入力ウィンドウを複数利用する場合は，使うウィンドウをここで指定します。

記念局などでパイルアップになっている時はLOG-［A］にその局のデータを残したままにし，新たにLOG-［B］を開いて別の局と交信し，しばらく経ってLOG-［A］に戻って交信する，といった運用ができます。

最大6つの入力ウィンドウが設定できます。「こんなにあっても使いきれないヨ！」と言われるかもしれませんが，リグ接続をするとこの入力ウィンドウがメモリ・チャネルとして使えるため，大変便利です。

初期値は「B」のみチェック。

③ 前回の交信内容から氏名をコピーする 設定1

チェックを入れておくと，コールサインを入力した際に前回までの交信データから氏名を入力ウィンドウの「His Name」に取り込みます。

④ 最終データの日付時間をコピーする 設定1

チェックを入れると手書きログからの転記用になり，DateとTimeへ最終データの日付時間をセットします。

このチェックを外すとパソコンの日付時刻をセットします（リアルタイム・ロギング用）。

⑤ このRSTを初期値とする 設定1 初期値

SSBやFMでの運用が多い方は，この項目に59

と指定しておきましょう。すると入力ウィンドウにHisとMyのRSTの既定値として59が入力されます。

⑥ システムフォントを使う 設定1 初期値

文字を大きくして見やすくしたい場合に使います。チェックを外すと［フォント変更］ボタンが有効となり，表示のフォントサイズを変更できます。

入力ウィンドウの文字を大きくしたい場合は，**本章の2-4のⅤ項で解説する入力環境設定**で行います。

⑦ 599形式指定 設定1

チェックを入れておくと，ここで指定したRSTレポートがレポート欄に入ります。

モードの文字列に変更があったときと，入力ウィンドウがクリアされたときにセットされます。

（例1）SSB,FM=5＊；CW=5＊9；SSTV=5＊5

（例2）SSB,FM=5＊；CW=5＊9；JT65,FT8=-00

このように，モードに応じたレポートを指定することもできます。

例1のように ＊ を指定した部分は，モード欄が変わっても数字は変わりません。

⑧ このデータ後の交信局数を表示 設定1

メインウィンドウの下部に，指定した後の交信局数を「総件数：xxxx件（現在：xx局）」と表示します。

例えば，移動運用を行うとき，事前に最終レコード番号をここに設定しておくと，運用開始から何局と交信したかが分かります。

また，指定したレコード番号よりも古いデータは交信履歴に青色※で表示されるので，コンテスト時のデュープチェックとしても利用できます。

⑨ Wkd/Cfm除外 設定1

特定の交信データをJCC／JCGなどのWkd／Cfm件数へ反映させたくない場合に，QSLの項目へ該当する文字を入力しておきます。

初期値はPとなっています。

⑩ ［Tab］キーでクリア 設定1 初期値

チェックが入っていると，Tabキーで入力バッフ

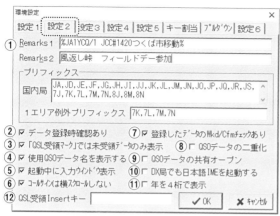

図2-22　環境設定「設定2」画面

ァのクリア（編集中のデータを初期化）を行えます.

⑪ **ワッチデータを使用する** 設定1

チェックが入っていれば, データ入力時に交信には至らなかったようなデータも保存しておけるので, 後日に再利用できます.

● **環境設定・設定2**（図2-22）

① **Remarks1, Remarks2** 設定2

移動運用の移動地や参加コンテストの名称などをRemarks1に文字列として入力しておくと, 入力ウィンドウへコールサインを入力した時に, その文字列をRemarks1に自動的にセットします.

② **データ登録時確認あり** 設定2 初期値

チェックが入っていると, 入力ウィンドウでSaveボタンをクリックした時に確認のメッセージボックスを表示します.

チェックが入っていなければ, そのままセーブします.

③ **「QSL受領マーク」では未受領データのみ表示** 設定2 初期値

チェックが入っていると, QSL受領マークで検索したコールサイン・データのうち, QSLカードが

未受領のデータのみを表示します.

④ **使用QSOデータ名を表示する** 設定2 初期値

チェックが入っていると, 図2-23に示すようにメインウィンドウのメニューの右側へ現在使用しているQSOデータのファイル名を表示します.

⑤ **起動中に入力ウィンドウ表示** 設定2

チェックが入っていれば, ハムログを起動中に入力ウィンドウが表示されます.

⑥ **コールサインは横スクロールしない** 設定2

チェックが入っていると, メインウィンドウには常にコールサインが表示されます. ハムログのメインウィンドウに一覧表示されているデータのうち, コールサインの項目もグレー表示となり, 横へのスクロールができなくなります.

この設定をするとコールサインのセル幅をドラッグで変更できなくなります. もし, フォントのサイズを変更した場合は文字の左右幅も変わるので, いったんチェックを外してから幅を調整しましょう.

⑦ **登録したデータのWkd/Cfmチェックあり** 設定2 初期値

チェックが入っている場合, 1件のQSOデータを入力する度にそれが未交信の地域であれば, マスタデータの該当項目にWkd/Cfm済みのチェックマークを書き込みます.

⑧ **QSOデータの二重化**（推奨） 設定2

チェックが入っていると, 図2-24に示す「フォルダーの参照」を表示するので, 二重化するフォルダをここで指定します.

指定すると, 別のドライブの指定したフォルダへその時点のQSOデータをコピーします.

本指定以降, ログデータを入力するたびに, 実

図2-23　使用データ表示

No	Call	Date	Time	His	My	Freq	Mode	Code	G・L	QSL	Na

Turbo HAMLOG/Win Ver5.　★★★　JF1RWZ　★★★

ファイル(F)　検索(S)　オプション(O)　表示(V)　ヘルプ(H)　使用データ(D)＝C:¥Hamlog¥Hamlog.hdb

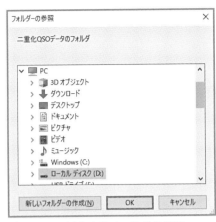

図2-24　二重化するフォルダの参照

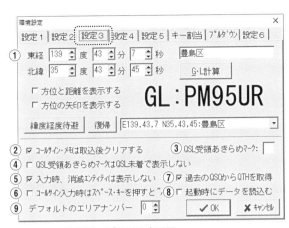

図2-25　環境設定「設定3」画面

QSOデータと二重化QSOデータ両方の内容を更新します．この機能の利用を強く推奨します．

⑨ QSOデータの共有オープン　設定2

1つのQSOデータを，複数のTurbo HAMLOG/Winで共有して開くことができます．

例えばクラブ局の運用時に，LAN接続のハードディスク上にあるQSOデータを複数のパソコンで同時に使用することができます．

⑩ DX局でも日本語IMEを起動する　設定2

チェックが入っていると，入力環境設定で指定したIME起動項目がDX局の時でも自動起動し，全角文字列の入力となります．

⑪ 年を4桁で表示　設定2

チェックが入っていると，メインウィンドウへ一覧表示されるデータの年を4桁で表示します．

⑫ QSL受領Insertキー　設定2

通常は，QSL受領マークにカーソルがある時にInsertキーを押すと，受領済みマーク＊が入ります．

QSL受領Insertキーを［E＝W;W＝＊］のようにすると，Insertキーを押した時に「E」が入っていると「W」，「W」が入っていれば「＊」と入力されるように設定することが可能です．

Eは「e-QSLを受領」，Wは「e-QSLとQSLカードの両方を受領」のように使用するのが一般的です．

● 環境設定・設定3（図2-25）

① 方位と距離を表示する・方位の矢印を表示する　設定3

あらかじめ自局運用地の緯度経度を入力しておき，これらにチェックマークを入れておくと，相手局のCodeが設定されたとき，つまり，ユーザーリストにヒットした時やJCCコードを入力した時に，相手局の方位と距離が入力ウィンドウ右上に表示されます．

② コールサイン・メモは取り込み後クリアする　設定3　初期値

パイルアップを受けた時に受信できたコールサインを一時的にメモすることができます（入力ウィンドウでF2キーを押すと表示される）．

チェックが入っていると，「コールサイン・メモ」から入力ウィンドウにコールサインを取り込んだ際に，取り込んだコールサインをメモからクリアしてくれます．

③ QSL受領あきらめマーク　設定3

QSL受領あきらめマークで指定した文字は，Cfm件数には反映されません．

④ QSL受領あきらめマークはQSL未着で表示しない　設定3

これをチェックしておくとあきらめマークが入ったデータは，QSL未着一覧とQSL未着コール順一覧の表示対象にはなりません．

⑤ 入力時、消滅エンティティーは表示しない

設定3　初期値

チェックが入っていると，コールサイン入力後にDXカントリー（エンティティー）が自動入力される際に消滅カントリー（エンティティー）は除外されます．

⑥ コールサイン入力時はスペースキーを押すと"/"

設定3

チェックが入っていると，入力ウィンドウのコールサインの項目でスペースキーを押すと「/」が入り，移動運用局の「/」入力が簡略化できます．

⑦ 過去のQSOからQTHを取得　設定3

チェックが入っていると，入力ウィンドウへコールサインを入力した時点で，過去に交信した局の場合は，相手局との交信履歴のうち最新の固定運用のデータからCodeとQTHを取り込みます．

⑧ 起動時にデータを読込む　設定3

チェックが入っていると，ハムログの起動時にQSOデータをメモリに読み込みます．読み込まれた内容はOSのディスクキャッシュに蓄えられるので，検索処理が早くなります．

⑨ デフォルトのエリアナンバー　設定3

いつも運用するエリアナンバーを指定します．

JCC/Gなどのコード入力時，特にエリアの指定がなかった場合にこのエリアナンバーが適用されます．

● 環境設定・設定4（図2-26）

① ICOM　CI-V接続1　設定4

「リグと接続」にチェックを入れると，CT-17を使用してアイコム製のリグの周波数を設定したり，リアルタイムに周波数やモードを入力ウィンドウに取得したりすることができます．

② JST-245　設定4

「リグと接続」にチェックを入れると，アイコム製のリグと同様に，シリアルポートを介してJRC製のリグと接続できます．

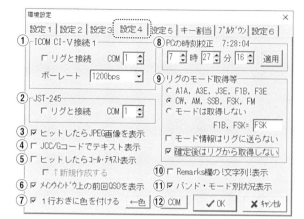

図2-26　環境設定「設定4」画面

③ ヒットしたらJPEG画像を表示　設定4

指定すると，入力したコールサインと同名のJPEGやビットマップの画像ファイルを探して表示します．"JA1YCQ01.jpg"，"JA1YCQ02.jpg"のように，同一コールサインの画像でも複数存在可能です．画像ファイルが複数ある場合は，タイムスタンプの新しい順に表示します．

なお，2文字コールサインの場合は，コールサインの6文字目をスペースにする必要があります．7文字のコールサインでは，6文字が一致すれば表示します．

このチェックマークを指定した時に，JPEG画像ファイルのあるフォルダを指定することもできます．フォルダを変更するときは，チェックマークをいったん外した後に付け直します．

④ JCC/Gコードでテキスト表示　設定4

指定すると，入力した市区町村コードと同名のテキストファイルを表示できます．

入力ウィンドウでコールサインを入力し，ユーザーリストなどにヒットすれば，登録済みのJCC/JCGコードからテキストファイルを表示します．

⑤ ヒットしたらコール・テキスト表示　設定4

指定すると，入力したコールサインと同名のテキストファイルを表示します．

例えば，JA1YCQと入力すればJA1YCQ.TXTを探し，存在すれば表示します．このテキスト表示でワイルドカード（＊など）は使えません．

　このチェックマークを指定した時に，テキスト
ファイルのあるフォルダを指定できます．フォル
ダを変更するときは，いったんチェックマークを
外してから付け直します．

　相手局とのQSOに関するメモや，Remarks3と
しても利用できます．

⑥ **メインウィンドウ上の前回QSOを表示** 設定4

　指定すると，2nd-QSO以上の時，メインウィン
ドウでは前回のQSO行を指し示します．QSOし
た前後の局が確認できます．

⑦ **1行おきに色を付ける**（推奨）設定4

　指定すると，一覧表示されているデータへ，1行
おきに薄い背景色が加えられます．[←色]ボタ
ンによって好みの色に変えられます．

⑧ **PCの時刻校正** 設定4

　時・分・秒を指定し，適用ボタンをクリックした
瞬間の時刻に校正します．Windowsを管理者モ
ードで動かした場合に機能します．

⑨ **リグのモード取得等** 設定4

　リグから取得する電波型式を電波法表記にする
か，通常の表記方法にするか，またはモードは取
得しないか，などを選択します．

　この設定は「設定5」まで及んでいます．

● **モードは取得しない** F1B，FSK＝ の欄は，
電波型式F1Bや FSKの表示モードを指定します
（RTTY，SSTV，PSK31）．

● **モード情報はリグに送らない** を指定すると，
入力ウィンドウの周波数をリグに転送する際にモ
ード情報を転送しません．

● **確定後はリグから取得しない** にチェックがあ
ると，入力ウィンドウでコールサインを入力して
Enterキーを押し，日付・時間が確定した後は，リ
グのダイヤルを回しても周波数やモードを取得し
なくなります．

⑩ **Remarks欄の！文字列！表示** 設定4

　指定すると，Remarks欄 に"！"と"！"で囲ん
だ文字列があれば，2度目以降の交信の際に，そ

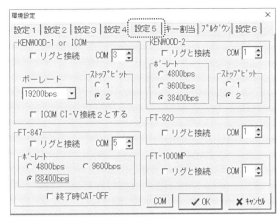

図2-27　環境設定「設定5」画面

の文字列がQSO履歴のタイトルバーにブリンク
（点滅）表示されます．

⑪ **バンド・モード別状況表示** 設定4 初期値

　指定すると，JCC/JCGなどのコードが入力され
た時にWkd/Cfm状況が表示されます．

⑫ **COMボタン** 設定4

　このパソコンで利用可能なCOMポートを一覧
表示します．

● **環境設定・設定5**（図2-27）

　ここでは，JVCケンウッド製や八重洲無線製
（FT-847，FT-920，FT-1000MP）のリグとの接
続を設定します．

　リグと接続すれば，周波数やモードを入力ウィ
ンドウへリアルタイムに取得することができます．
COMポート番号は重複しないようにしましょう．

● **環境設定・設定6**（p.46，図2-28）

① **「ホームページ名」と「アドレス（URL）」**
設定6

　ホームページ名とアドレス欄のURLを設定する
と，メインメニューにあるヘルプメニューで表示
します．最大で10個のアドレスを登録できます．

　なお，ホームページのURLだけでなく，使用し
ているパソコン内のファイルやプログラムも登録
できます．

図2-28　環境設定・設定6

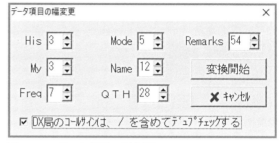

図2-29　データ項目の幅変更

② 入力欄の表示桁数変更　[設定6]

　データ入力/修正ウィンドウの各編集ボックスに表示可能な桁数を設定できます.

③ 入力可能な桁数の変更　[設定6]

　「入力可能な桁数の変更」をクリックすると, 図2-29に示す「データ項目の幅変更」が表示され, データ入力/修正ウィンドウの各編集ボックスに入力できる最大の桁数が設定できます.

　また, DX局のコールサイン中に「/」が含まれる場合のデュープチェックの設定も行います(重要).

● 環境設定のキー割当

　環境設定の「キー割当」を図2-30に示します.

　ここでは, ショートカットキーの設定ができます.

　左側では主に入力・修正ウィンドウのショートカットキーを, 右側ではメインウィンドウの検索メニューおよび入力・修正ウィンドウでのQTH検索のショートカットキーを設定します.

　ショートカットキーの設定手順は次のとおりです.

1. 項目を選択

　スクロールバーでショートカットキーの設定・変更したい項目を選択し, 上にあるショートカットキーボックスを指定してカーソルを点滅させます. または項目をダブルクリックします.

2. ショートカットキーを指定

　ショートカットキーボックス上で, 設定したい

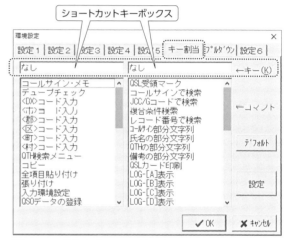

図2-30　環境設定のキー割り当て

ショートカットキーを実際に押します. 例えば, Ctrl + Aキーです.

3. OKボタンをクリック

　[OK]ボタンをクリックすると指定したショートカットキーが設定されます.

　ほかのショートカットキーを変更する場合も, 以上の手順を繰り返します.

4. 保存する

　最後に[設定]ボタンと[OK]ボタンをクリックすると, 設定した内容がINIファイルに保存されます.

● 環境設定のプルダウン

　図2-31に示すように, ここでは周波数やモード, Remarks1, Remarks2の項目へリストボックスで選択入力できる文字列を登録できます.

　設定した文字列を, 入力ウィンドウあるいは修

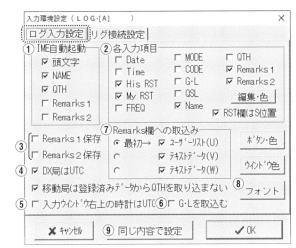

図2-31　環境設定の「プルダウン」画面

正ウィンドウで入力するには，該当する項目で下矢印「↓」キーを押して選択します．

Remarks1とRemarks2で指定した文字列はカーソル位置に挿入されます．

Ⅴ　入力環境設定

入力環境設定は，メインウィンドウの［**オプション**］－［**入力環境設定**］，または，入力ウィンドウの何もない部分（灰色の部分）を右クリックして出てくるポップアップメニューの［**入力環境設定**］で行えます．**図2-32**に示す「**入力環境設定**」の「**ログ入力設定**」画面が表示されます．

● ログ入力設定

① IME自動起動

日本語入力IMEが自動起動する項目を指定します．

頭文字 とは，JCCコードなどを選択入力するときの地名の頭文字を意味します．

Remarks1と2に漢字で入力するケースが多い場合は，この双方にチェックを入れておくと「漢字」シフトキーを押す手間が省けます．

② 各入力項目

Enterキーや↑キーでカーソルを移動させた時に編集可能な（カーソルが飛ぶ）項目を指定できます．

図2-32　入力環境設定の「ログ入力設定」画面

ただし，TabキーやShift＋Tabキー，あるいは直接マウスでカーソルを前後させた場合は，全ての項目が編集可能です．

③ Remarks1保存，Remarks2保存 〈入力環境設定〉

チェックしておくと，データを登録してもこの項目だけはそのまま次の入力の時も残ります．

自局が移動運用で運用場所などの定型の文字列を入力したい時や，参加コンテスト名の登録に便利です．

④ DX局はUTC 〈入力環境設定〉

ここにチェックをしておくと，コールサイン欄のDXにチェックが入っている場合，時間をUTC（日本時間より9時間遅い）で入力します．

⑤ 入力ウィンドウ右上の時計はUTC 〈入力環境設定〉

指定しておくと，入力ウィンドウのタイトルバー右側に表示される時刻がUTCとなります．これは入力ウィンドウごとに設定できます．

⑥ G・Lを取込む 〈入力環境設定〉

指定しておくと，ユーザーリストやテキストデータにヒットして，そのQTHか備考欄にGL：PM78XXのような文字列がある場合，グリッド・ロケーター欄に取り込みます．

⑦ Remarks欄への取込み 〈入力環境設定〉

「最初→」がチェックされているデータが最初

にヒットします．

　チェックマークが付いているユーザーリストやテキストデータにヒットした時は，備考欄をRemarks2に，Remarks2が空欄でなければRemarks1に取り込みます．

⑧ **フォント** 入力環境設定

　入力ウィンドウと修正ウィンドウの入力文字のフォント名，フォントスタイル，フォントサイズおよび文字色を指定します．

　「MSゴシック」などのTrueTypeフォントを使い，フォントサイズを大きく設定すると，入力ウィンドウも大きくなります．

⑨ **同じ内容で設定** 入力環境設定

　[同じ内容で設定]ボタンを指定すると，LOG-[A]～LOG-[F]が，現在の設定内容で一律に保存されます．

● **入力環境設定のリグ接続設定**

　入力環境設定のリグ接続設定を，**図2-33**に示します．

　「環境設定」の「設定4」と「設定5」で「リグと接続」を設定し，さらに「入力環境設定」の「リグ接続設定」を指定すると，周波数やモードをリアルタイ

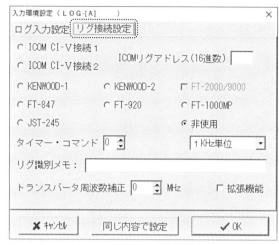

図2-33　入力環境設定の「リグ接続設定」画面

ムで入力ウィンドウに取得したり，入力ウィンドウの周波数やモードをリグに転送することができます．

　リグ識別メモ欄に書き込んだ文字列は，入力ウィンドウのタイトルバーに表示されます．これは現在どのリグと連動しているのかが分かるように，機種名などを明示するために使います．

　トランスバータ周波数補正は，固定機にトランスバータを接続して別のバンドにオン・エアしている場合に使います．ここでは親機との差の周波数を設定します．

2-5 交信データのバックアップとリストア

　ハムログを利用した運用で最も重要となる交信データのバックアップ方法を解説します．

　バックアップの意味と方法を理解し，安心してハムログを使いましょう．

● **交信データのバックアップとは**

　交信データのバックアップとは，ハムログで管理している交信データをUSBメモリなどの外部記憶メディアに書き出して保管し，不測の事態に備えることをいいます．ハムログではこれを「QSO

データのバックアップ」と呼んでいます．

　ハムログをインストールすると，**図2-34**に示すようにHamlogフォルダに各種のファイルが作られます．

　Hamlogフォルダは，インストール時に設定を変更しなかった場合はC：¥Hamlogです．

　この中のHAMLOG.hdbという名前のファイルに交信データが格納されています．

　QSOデータへのバックアップ作業では，このHAMLOG.hdbに格納されたQSOデータを記憶媒

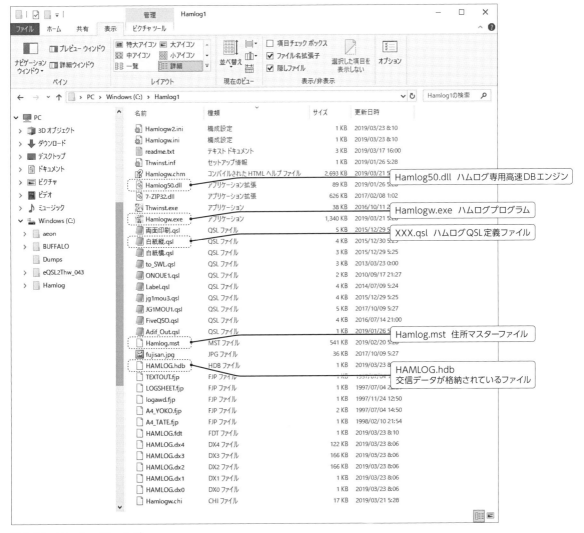

図2-34　Hamlog フォルダ

体に書き出して保存します.

I　QSOデータのバックアップ

図2-35に示す「**QSOデータのバックアップ**」
ウィンドウは,メインウィンドウの[**ファイル**]メ

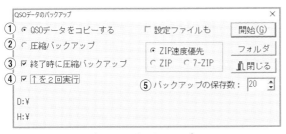

図2-35　QSOデータのバックアップ

ニューから「**QSOデータのバックアップ**」を指定
して開きます.

　QSOデータのバックアップには,**QSOデータを
コピーする** と **圧縮バックアップ** の2種類が用意
されています.

① QSOデータをコピーする

　これを指定し,[**開始**]ボタンをクリックすると,
コピー先のフォルダを選択する画面が開きます.
そこにQSOデータをそのままコピーします.

　コピー先のフォルダへは「HAMLOG.hdb」がそ
のままコピーされます.

　移動運用へ行く前に,この機能を使ってQSO

データをUSBメモリなどにコピーして持ち出すと便利です.

この時に「設定ファイルも」にもチェックが入っているならば, 設定ファイル「Hamlogw.ini」や「RigAnt.dat」なども一緒にコピーします.

なお,「環境設定2」の「QSOデータの二重化」で指定したフォルダとは別のフォルダを指定するようにしましょう.

② 圧縮バックアップ

指定して[開始]ボタンをクリックすると, QSOデータをZIP形式で圧縮し, 指定したフォルダにバックアップします.

圧縮は, Turbo HAMLOG/Winと一緒にインストールされた7-ZIP32.DLLというソフトによって行われます. 7-ZIP32.DLLは秋田 稔氏が作成したフリーソフトです.

圧縮バックアップを元に戻す場合は, [ファイル]メニューの[QSOデータのリストア]を実行します.

圧縮後のファイル名の構成は次のとおりです.
Bk(年月日)_(時分)_(QSOデータ総件数).zip

例えば, 2019年8月14日 9時12分に, 21,568件分のQSOデータをバックアップすれば, Bk190814_0912_0021568.zipというファイル名で圧縮バックアップされます.

また, 古いバックアップは自動削除されます. 図2-35(p.49)ではバックアップの保存数を20と指定しているので, 最新の20個のバックアップが残ります.

[フォルダ]ボタンで, 常にバックアップファイルを保存しておくフォルダをあらかじめ設定しておきましょう. そうすれば, [開始]ボタンのクリックだけで設定したフォルダへ圧縮バックアップされます.

③ 終了時に圧縮バックアップ（強く推奨）

ハムログの終了時に, 自動的にバックアップします.

あらかじめ[フォルダ]ボタンをクリックして, バックアップ先のフォルダを指定しておきます.

ただし, QSOデータの件数が5局未満の場合はバックアップせずに終了します. また, QSOデータが更新されずに終わる場合も, バックアップは行われずに終了します.

④ ↑を2回実行（強く推奨）

ハムログの終了時に, ③のバックアップをもう一度実行します.

チェックマークを入れた時にバックアップ先フォルダを指定しますが, 上記と③とは別のフォルダを指定します.

⑤ バックアップの保存数

「終了時に圧縮バックアップ」と「↑を2回実行」のフォルダに残すバックアップファイルの個数を指定します.

20を指定すれば最新の20個を残し, 古いバックアップを自動削除します. 最小は5です.

バックアップで
安心して
運用しよう

USBメモリ

II　QSOデータのリストア（復元）

ハムログに用意されているQSOデータのリストア(復元)機能を解説します.

不幸にもパソコンが壊れてしまい, ハムログの入ったハードディスクが復旧できなくなることもあるでしょう. この場合は, パソコンを修理した

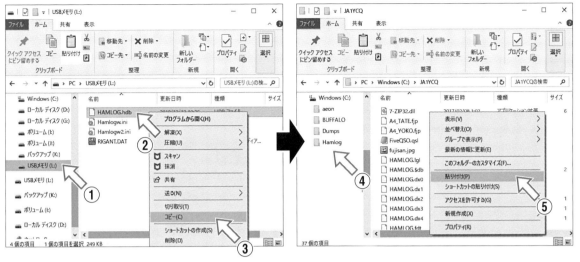

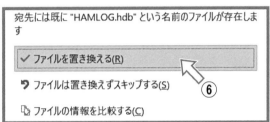

図2-36 「QSOデータのコピー」からの復元

後にハムログを再インストールし，QSOデータの
バックアップファイルから交信データのリストア
（復元）を行います．

このバックアップファイルから復元する方法は，
バックアップの方式により変わります．そのため，
常にどの方法でバックアップを取ったかが分かる
ように，またバックアップファイルが多数ある場
合は，どれが最後のファイルかが分かるようにし
ておきましょう．

QSOデータのリストアを始める前にはハムログ
をインストールして，「HAMLOG.hdbがオープン
できません」のメッセージに［はい］と答えて新規
のデータベースを作っておきます．

どの方法でバックアップを取ったのか分からな
い場合は，バックアップメディアをデスクトップ
の「PC」で開き，ファイル名を調べます．

ファイル名がHAMLOG.hdbとなっている場合
は「QSOデータをコピー」で保存されています．

Bknnnnnn_nnnn_nnnnnnn.zip（nは数値）とな
っている場合は，「圧縮バックアップ」で保存され
ています．

● 「QSOデータのコピー」からの復元

「QSOデータのコピー」からの復元は，圧縮さ
れていないバックアップデータ（他のディスクや
USBメモリにコピーしたQSOデータ）を現在使用
中のQSOデータに上書きするものです．流れを図
2-36に示します．まずは，バックアップが入って
いるUSBメモリをパソコンにセットします．

1. デスクトップの「PC」で①USBメモリを開き
   ます．

2. USBメモリ内の②HAMLOG.hdbを右クリッ
   クし，出てくるメニューから③［コピー］をク
   リックします．

3. 続けてCドライブの④Hamlogフォルダを開き
   ます．

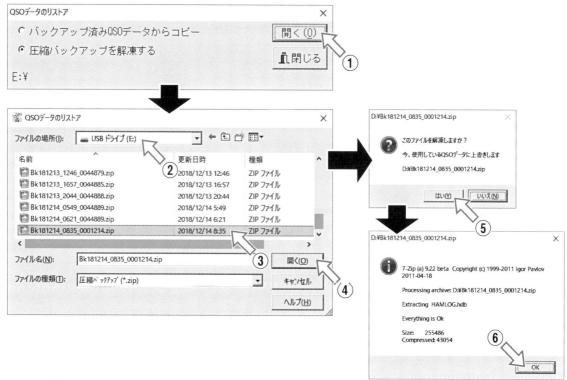

図2-37　「圧縮バックアップ」からの復元

4. Hamlogフォルダを右クリックして出てくるメニューの⑤[貼り付け]をクリックします.

5. 「宛先には既に"HAMLOG.hdb"という名前のファイルが存在します」と聞いてきますので⑥[ファイルを置き換える]をクリックします.

　以上でUSBメモリにバックアップされていたHAMLOG.hdbがCドライブのHamlogの中にコピーされ, リストア(復元)が完了します.

● 「圧縮バックアップ」からの復元

　「圧縮バックアップ」からの復元は, ZIP形式で圧縮してあるQSOデータを解凍し, 現在使用中のQSOデータへの上書きです. 流れを図2-37に示します.

　まず, バックアップが入っているUSBメモリをパソコンにセットします. メインウィンドウから[ファイル]-[QSOデータのリストア]をクリックし,「QSOデータのリストア」画面を表示します.

1. ①[開く]をクリックします.

2. USBメモリ内のファイル選択のダイヤログが表示されます. ②ファイルの場所 は差し込んだUSBメモリを選択しましょう.

3. バックアップファイルの中から年月日と時分が現在に最も近いものを選択③し, ④[開く]ボタンをクリックします.

4. 「このファイルを解凍しますか?」の問いには⑤[はい]をクリックします.

5. zipを展開する際に表示されるウィンドウで⑥[OK]をクリックします.

　以上の流れでリストアが実施され, ハムログはいったん終了します.

　ハムログを再起動すればリストアは完了です.

　もし, 解凍したものの, ファイル名が現在使用中のQSOデータと異なる場合や, QSOデータ・ファイルが入っていなかった場合は警告が表示されます.

2-6 テキストデータやユーザーリスト

ハムログでは，コールサインや氏名，Code，QTHとRemarksをあらかじめテキストデータとして作成しておけます．そして，入力ウィンドウでコールサインがヒットしたら，**図2-38**に示すように，氏名やCode，QTHとRemarksを自動的に取り込むことができます．

重要

テキストデータの作成にあたっては，プライバシーに十分配慮し，作成したテキストデータは，原則として公開しないようにします．

作成した個人局のテキストデータを公開する必要がある場合は，個人情報保護法の観点から，必ず掲載者個々の同意を得るようにしましょう．

また，登録されている個人から，本人のデータの訂正，または削除の依頼があったら，速やかに応じましょう．

I テキストデータの作成

テキストデータの作成方法を解説します．

テキストデータは，Windowsで用意されているメモ帳やワードパットなどのテキストエディタで作ることができます．

作成サンプルとして本書付属CD-ROMの「Textdata」フォルダに「Textdata.txt」を入れてあります．

1. 1行目の登録

それでは，メモ帳を開いてテキストデータを作成しましょう．

図2-38に示すテキストデータの作成サンプルの1行目は次のとおりです．

6"自作成テキストデータ"

最初に数字「6」がありますが，これはヒットしたときのタイトルの表示色を指定しています．

0＝灰色　　1＝青　　2＝黄緑　3＝水色　　4＝赤
5＝紫　　　6＝黄色　7＝青緑　8＝オリーブ　9＝緑

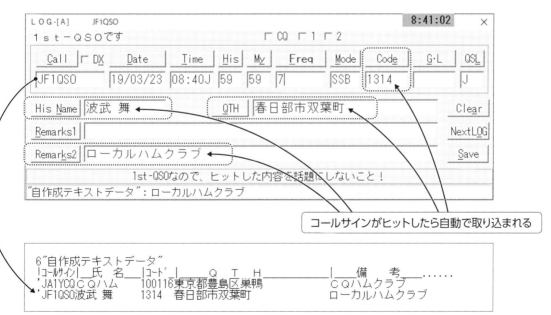

図2-38　テキストデータの作成サンプル

上記の色指定がなかった場合は黄色となります.

数字に続く「"自作成テキストデータ"」はタイトルです.

2. 2行目の登録

2行目は, 3行目以降でデータを登録するための見出し用の行です. 付属CD-ROM「Textdata」フォルダの「Textdata.txt」の2行目をコピーして利用するとよいでしょう.

3. 3行目以降の登録

3行目以降にデータを登録します.

データ行は行頭に「'」を付けます.「'」が付いていない行はコメントと見なされます.

各項目の並びと文字数(半角に換算)は次のとおりです.

- コールサイン　6文字　Callに入力
- 氏名　12文字　His Nameに入力
- JCCコード　　6文字　Codeに入力
- QTH 28文字　QTHに入力
- 備考　54文字　Remarks2に入力

すでにRemarks2に文字が入っている時は, Remarks1へ入力されます.

データはなるべくランダムに並べます. また, データ中のスペースは半角を使い, 全角スペースを使わないこと. 特に, JCCコードの右側2バイトに全角スペースがあると, JCCコードでの検索ができなくなります.

データの登録が終わったら[**ファイル**]-[**名前を付けて保存**]を指定し, インストールフォルダC：¥Hamlogの中に名前を付けて格納します.

ここでは「Textdata.txt」という名前を付けると仮定して解説を進めます.

Ⅱ　テキストデータの組み込み

テキストデータの組み込みの流れを**図2-39**に示します.

1. メインウィンドウの[**ファイル**]メニューにある①[**テキストデータ・オープン**]をクリックします.
2. 先ほど格納したファイル②「Textdata.txt」を

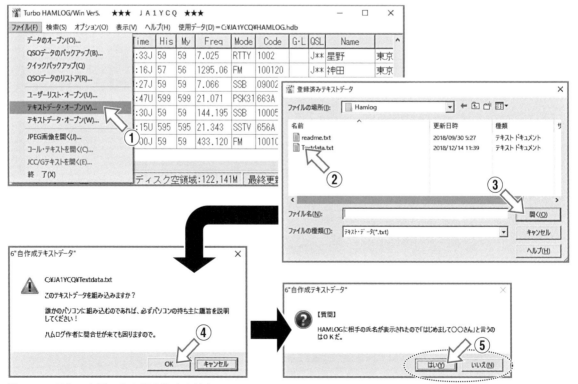

図2-39　テキストデータの組み込みの流れ

指定して③［開く］をクリックします．

3. 「このテキストデータを組み込みますか？」に
④［OK］をクリックします．

4. テキストデータ利用に関する質問が出され，こ
れに⑤［はい］か［いいえ］で答えます．

この質問に正しく答えられればテキストデータが
ハムログへ組み込まれます．間違った回答をすると
組み込まれませんのでよく考えてから答えましょう．

Ⅲ　ハムログユーザー登録

ハムログのユーザーリストは，ハムログを利用
している仲間が，お互いに自分の情報を交換しあ
って楽しむためのものです．

自らの情報を公開したくない人は，この機能を
利用しなくてもかまいません．

● ユーザー登録の要件

ユーザー登録の要件は次のとおりです．

（1）ハムログを，主たる無線業務日誌として使用
していること

（2）JARLのEメール転送サービスに登録してい
ること（登録が済んだら解除してもOK）

（3）本人が，本人の意思によりハムログユーザー
登録をするものであること（代理登録は不可）

ハムログユーザーリストへの登録方法を図2-40
に示します．

1. JARLのEメール転送サービスに登録する

ハムログユーザーリストへの登録準備として，
JARLのEメール転送サービスに登録します．こ
れにより「コールサイン@jarl.com」というアドレ
スでメールが転送できるようになります．

URL：**https://www.jarl.com**からEメール転
送サービスに進んで手続きをします．

2. 転送サービスのテスト

JARLのEメール転送サービスの手続きが済ん
だら，下記URLのハムログユーザー登録のページ
を開き，①をクリックして転送サービスのテスト
をします．

URL：**http://hamlog.no.coocan.jp/**

3. 仮登録を行う

転送サービスのテストがうまくできたら②をク
リックして仮登録をします．しばらくすると，仮登
録時に入力したコールサインのアドレスへ，JARL
の転送メールでパスワードが届きます．

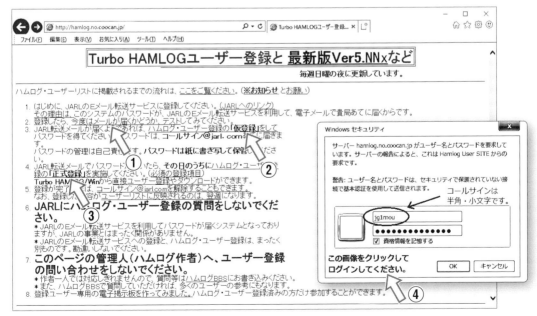

図2-40　ハムログユーザー登録の手順

4.　正式登録を行う

パスワードが届いたらURL：**http://hamlog. no.coocan.jp/**を開き，『「正式登録」を実施してください』と書かれた部分③をクリックし，**図2-41**に示すユーザーリストへの正式登録ページを表示します．または，**図2-40**（p.55）の④の矢印の画像をクリックすることでも正式登録ページに入ることができます．正式登録の画面が開く前に**ユーザー名**と**パスワード**を聞いてくるので入力します．

5.　ログイン

正式登録の画面が表示されたら，パスワードを紛失しても再発行できるように，秘密の質問と回答を登録します．

続けて名前，JCC/JCGコード（市区郡町村コード），QTH，備考欄を登録し，[**登録／修正**]ボタンをクリックして登録します．

以上の操作で正式登録は完了です．

6.　ユーザーリストのダウンロード

正式登録をしてすぐにユーザーリストをダウンロードできるのですが，登録した日にはあなたの名前はまだハムログのユーザーリストには掲載されていません．データを登録した翌週の月曜日には掲載されていると思われます．登録日翌週の月曜日になったらユーザーリストをダウンロードして組み込みましょう．[**ユーザーリストのダウンロード**]をクリックします．

7.　Webページからのメッセージ

図2-41に示す「ユーザーリストをダウンロードします」で③[**OK**]をクリックするとユーザーリストのダウンロードが始まり，userlist.usrというファイル名でダウンロードフォルダに入ります．

Ⅳ　ユーザーリストの組み込み

次の手順でユーザーリストをハムログへ組み込みます．

事前にダウンロードフォルダにあるuserlist.usr

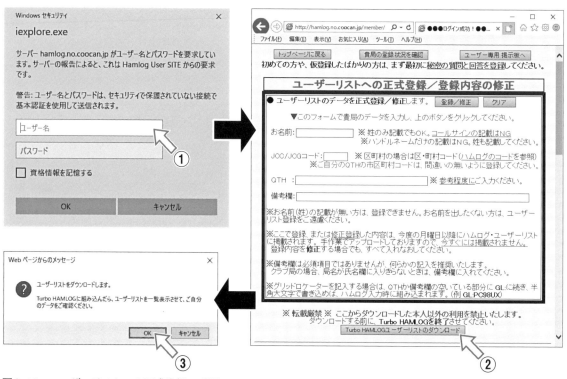

図2-41　ユーザーリストへの正式登録の手順

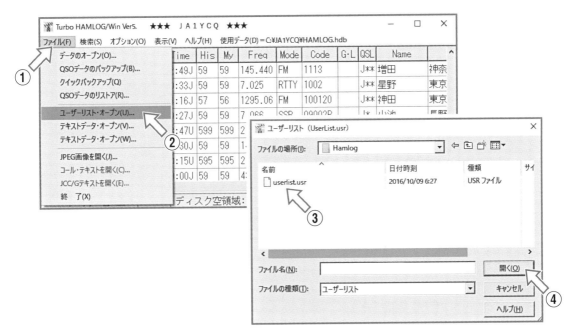

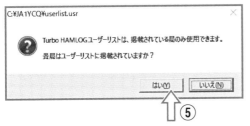

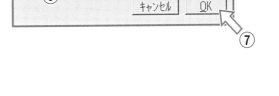

図2-42 ユーザーリストの組み込み手順

をハムログのフォルダC：¥Hamlogへコピーして
おきます.

図2-42のユーザーリストの組み込み手順に従
います.

1. メインウィンドウの①［ファイル］をクリック

2. ②［ユーザーリスト・オープン］をクリックして
「ユーザーリスト」を開きます.

3. ユーザーリストが開いたら③「userlist.usr」
を指定

4. ④［開く］をクリック

5. 「貴局はユーザーリストに掲載されています
か？」に対して⑤［はい］をクリック

6. 貴局のコールサインを聞いてくるので，⑥コー
ルサインを入力

7. 最後に⑦［OK］をクリック

以上でハムログにユーザーリストが組み込まれ
ます.

ユーザーリストは定期的にダウンロードしまし
ょう. ユーザーリストをダウンロードせずに3カ月以
上放置すると，パスワード情報のみ抹消されます.
さらに4年以上放置すると，登録が抹消されます.

Ⅴ ユーザーリストGet's機能

メインウィンドウからユーザーリストGet'sを使
って組み込むことができます（p.58, 図2-43）.

1. メインウィンドウの①［オプション］をクリック

2. ②［ユーザーリストGet's］をクリック

3. ③ユーザー名（コールサインは半角）とパスワ
ードを入力

4. ④［ダウンロード］ボタンをクリック

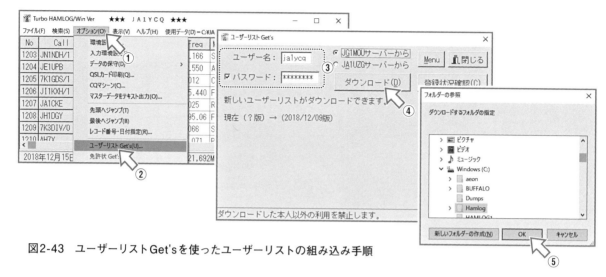

図2-43　ユーザーリストGet'sを使ったユーザーリストの組み込み手順

5. ダウンロードするフォルダがC：¥Hamlogとなっていることを確認し，⑤［OK］をクリック

以上でダウンロードが始まり，ユーザーリストがC：¥Hamlogフォルダに格納されます．

2-7　QSLカードの管理

　交信中にQSLカードのお礼が言えるのは，リアルタイム・ロギングができて，QSLカードの受領の管理がうまくできているからです．

　ハムの運用でQSLカードの発行と受領の管理

は重要です．

　ハムログでQSLカードを印刷すると，図2-44に示すように「QSL発送マーク」を自動的に付けてくれます．QSLカードの受領は「QSL受領マー

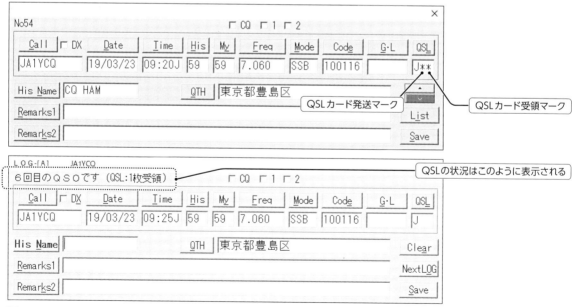

図2-44　QSLカード発送・受領マークと状況表示

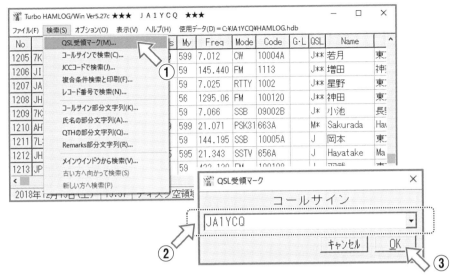

図2-45　QSLカード受領マークを付ける流れ

ク」で管理します.

I　QSL受領マーク

QSLカードを受領したら, ハムログの交信デー
タにQSL受領マークを付けましょう. **図2-45**にそ
の流れを示します.

1. メインウィンドウの［**検索**］-①［**QSL受領マ
ーク**］をクリックすると「**QSL受領マーク**」画
面が出ます.

2. 「**QSL受領マーク**」画面に②受領したQSLカ
ードのコールサインを入れます.

3. Enterキーを押すか③［**OK**］をクリックしま
す.

4. 交信が複数ある場合はリストが表示されるの
で, 年月日や時分で判断して交信を特定し,
④その行をクリックしてInsertキーを押すと
QSL受領マーク「＊」が付きます.

II　これは便利　QSL受領処理

効率の良いQSL受領マークの付け方をもうひと
つ紹介します (p.60, **図2-46**).

1. メインウィンドウから［**表示**］-①［**QSL未着
コール順一覧**］と進みます.

2. 一覧が出たら最下部右側の②**サフィックス検
索** にチェックを入れます.

3. ③**サフィックス:** の欄に受領したQSLカード
のサフィックスを2〜3文字入れます.

4. 一覧が出るので, 該当する交信が見つかったら
④その行をクリックし, さらにInsertキーを押
すとQSL受領マーク「＊」が付きます.

図2-46 (p.60) の「**QSL未着コール順一覧**」画
面で受領済みでも表示に「E」と設定してあります
が, これはe-QSLを受領済みのマークです.

これならe-QSLを受領した後に紙のQSLカード

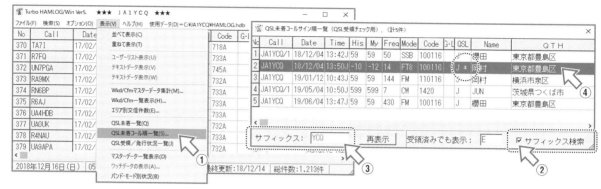

図2-46　QSL受領処理の流れ

が到着しても対応ができますね.

Ⅲ　QSL発行状況一覧

　QSLカードの管理として, 今までに合計で何枚受領したか? 未発行のQSLカードが何枚あるのか? などを簡単に調べられるのが「QSL発行状況一覧(図2-47)」です.

① QSL-1(Via)

　QSLの項目の1文字目を指定します.

　JPMDと入力されている場合, QSLの項目の1文字目にJ/P/M/Dのいずれかの文字が入力されているデータを一覧表示します.

② QSL-2(Sent)

　チェックされている場合に検索対象となります.

　QSLの項目の2文字目に入力されている文字を複数指定できます.

　ここにスペース1文字だけ入れるとQSLの項目

の2文字目が空白, つまりQSLカード未発行のデータを一覧表示します. 空欄にした場合はスペースが1文字だけ入ります.

③ QSL-3(Rcv)

　チェックされている場合に検索対象となります.

　QSLの項目の3文字目に入力されている文字を複数指定できます.

　ここにスペースとEを入れると, QSLの項目の3文字目が空白, つまりQSL未受領およびEが入力されているデータを一覧表示します. 空欄にした場合はスペースが1文字だけ入ります.

　これら3項目をアンド条件で検索して一覧表示します.

Ⅳ　ヒットしたらJPEG画像表示

　ハムログはリアルタイム・ロギングを目的として開発されており, 運用を楽しむ工夫がされて

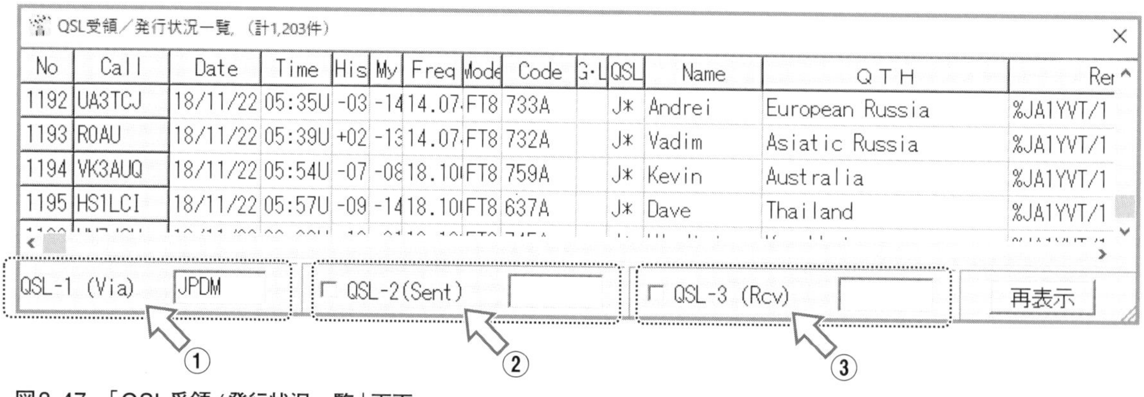

図2-47　「QSL受領/発行状況一覧」画面

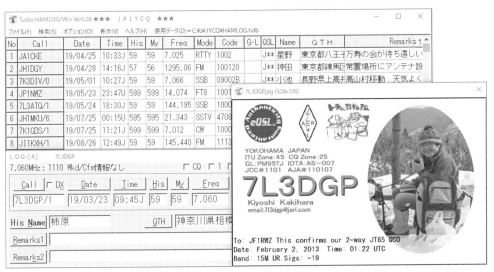

図2-48 ヒットしたらJPEG画像を表示する

います.

その中の1つとして「ヒットしたらJPEG画像表示」があります.

受領したQSLカードの画像をスキャナーなどで取り込んでおくと,次に交信した時に即座に表示してくれ,QSLカードを見ながら交信を楽しむことができます.

e-QSL.CCを利用している場合は,e-QSL.CCから送られてくるQSLカードを「コールサイン.jpg」でリネームし,C:¥Hamlogフォルダの中にQSLのフォルダを作ってその中に入れておきます.

環境設定4(p.44,図2-26の③)の中に「ヒットしたらJPEG画像を表示」があるので,ここにチェックを入れ,JPG画像の格納されているQSLフォルダを指定しておきます.

図2-48に示すように,入力ウィンドウのCall欄のコールサインとJPEG画像名がヒットすれば即座に画像を表示してくれます.

Column ❶ ハムログのインストールフォルダの調べ方

① ハムログアイコンのプロパティを表示

デスクトップ上のハムログのアイコンを右クリックし,プロパティをクリックすると,図C-1に示すようなハムログのプロパティが表示されます.

② プロパティの中のショートカット・タグ

プロパティの中にあるショートカット・タグをクリックしてリンク先を調べると,Hamlogw.exeの格納場所(ハムログのインストールフォルダ)が判明します.

このケースでは,ハムログのプログラムはCドライブHamlogフォルダの中のHamlogw.exeを利用しています.

図C-1 「ハムログのプロパティ」画面

2-8　便利に使おうハムログ

ハムログの画面を見やすくしたり，過去ログの登録やリアルタイム・ロギング用に設定したりと，さらに便利に使うテクニックを紹介します．

Ⅰ　画面を見やすく

画面を見やすく設定する方法を紹介します．

● メインウィンドウを1行ごとに色を変えて見やすく

図2-49の①に示すように，初期インストールの規定値でのメインウィンドウは白に設定されています．

図2-49の④に示す［**オプション**］－［**環境設定**］－［**環境設定4**］に 1行おきに色を付ける の項目があります．ここにチェックマークを入れると，**図2-49**の②に示すように1行ごとに色を付けることができ，とても見やすくなります．

さらに［**環境設定4**］で［**←色**］をクリックすると，好みの色を選択できます．

薄くて淡い色を付けたい時などは，**図2-49**の⑤に示す［**色の作成**］をクリックしてカラーパターンの色を指定すれば色の追加ができます．

最後に［**設定4**］の［**保存**］をクリックすれば完成です．

図2-49の③に示すようなメインウィンドウの表示となります．

● フォントを変えて見やすく

メインウィンドウの文字フォントは**図2-21**（p.41）の⑥に示す［**オプション**］－［**環境設定**］－［**環境設定1**］の システムフォントを使う のチェックマークを外し，［**フォント変更**］をクリックすることによって設定可能です．

入力ウィンドウの文字フォントは，**図2-50**（p.

64）に示す［**オプション**］－［**入力環境設定**］－［**ログ入力設定**］の［**フォント**］をクリックすると設定できます．

パソコンの画面サイズを考慮して適切なフォントサイズを選ぶことにより，快適なハムログ操作ができます．

図2-49の⑥は標準フォントの時の入力ウィンドウです．

図2-49の⑦はフォント名：HGゴシックE，スタイル：太字，サイズ：22，色：濃紺を指定し，「入力環境設定」の各入力項目の「編集・色」，そして「ボタン・色」と「ウィンドウ色」のカラー設定をしたサンプルです．

Ⅱ　過去ログの登録

長年，紙ログで運用され，これからハムログを導入される方は，過去ログの登録をどうしようかと悩まれると思います．

どれくらいの交信数があるかによっても方針が変わると思いますが，次回の交信時にどこまでの情報が知りたいかで，過去ログの登録基準を作ってはいかがでしょうか？

1. 過去交信したことがある，ということが分かれば良い
2. 交信した年月日までを知りたい
3. 交信した年月日と周波数までを知りたい
4. 交信したモードまでを知りたい
5. QSLカードの受領情報まで知りたい

入力する項目が増える分だけ登録の手間と時間が掛かるので，割り切りも重要です．

「1」でOKということであれば，過去データを1999年1月1日の交信として登録し，「設定2」のRemarksを使って，このデータは過去ログのデータである旨を書いておけばよいでしょう．

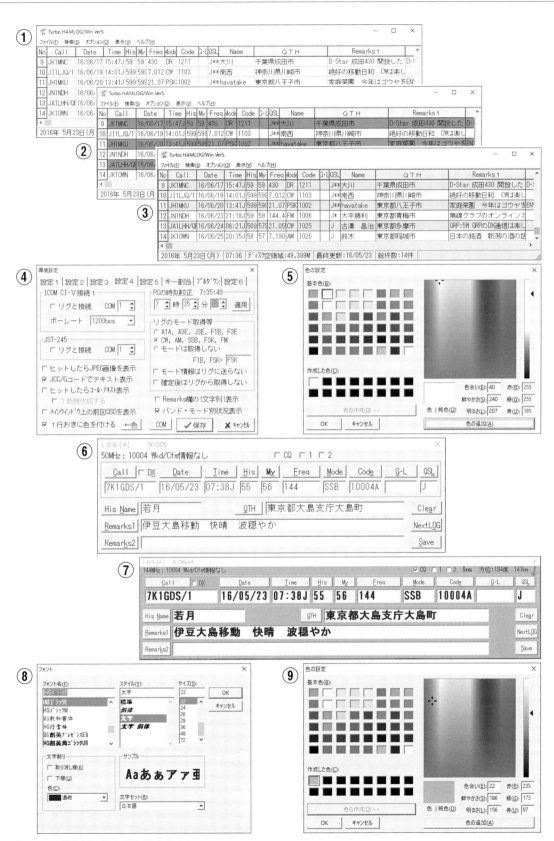

図2-49　画面を見やすく設定する方法

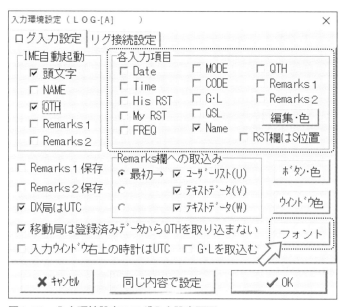

図2-50　入力環境設定のログ入力設定画面

リアルタイム・ロギングの効率を良くするため，とりあえず不要な項目をジャンプさせましょう．

ハムログを新規インストールした状態での入力フィールドは，次のように遷移します．

「Call」「Time」「HisRST」「MyRST」「Freq」「Mode」「Code」「HisName」「QTH」「Remarks1」「Remarks2」

Remarks2にたどり着くまでに10回もEnterキーを押すことになります．

リアルタイム・ロギングをしている場合，Timeは自動で入り，RSTも変更せずに済むケースが多くあります．

そこで各自の運用スタイルに合わせて不要な項目をジャンプさせましょう．

図2-50に示すように，［オプション］－［入力環境設定］で各入力項目のチェックマークを外すと，その項目をジャンプさせることができます．

図2-50に示す設定例では，「Call」「HisName」「データ登録」とジャンプします．ジャンプさせた項目の入力が必要な場合は，ショートカットキーやマウスクリックで項目を指定して入力することができます．

「5」まで入れてあれば，過去ログを利用したアワード申請の元データとして使えます．

過去ログの登録は図2-21（p.41）［環境設定］－［設定1］の　最終データの日付時間をコピーする　にチェックマークを付けてから始めましょう．

Ⅲ　リアルタイム・ロギング

ハムログはリアルタイム・ロギング操作を前提として設計されており，効率良く入力するための工夫が随所に施されています．

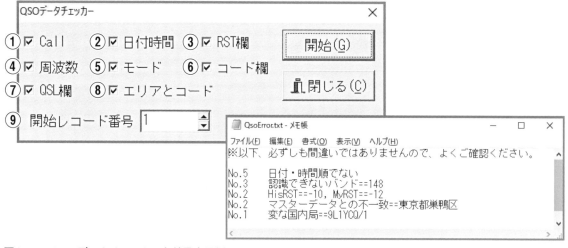

図2-51　QSOデータチェッカーと結果表示例

Ⅳ　QSOデータチェッカー

ハムログには登録されているデータの内容をチェックしてくれる「QSOデータチェッカー」という機能が用意されています.

メインウィンドウから［オプション］-［データの保守］-［QSOデータチェッカー］をクリックすると,図2-51の左側に示す「QSOデータチェッカー」画面が表示されます.

① Call

国内局を対象に,次のようにデータチェックをします.

- コールサインの1文字目が7, 8, J以外である
- コールサインの3文字目が数字ではない

② 日付時間

- QSOデータが日付時間順に並んでいない
- ありえない日付,時間

③ RST欄

- 数字でない,など

SSTVの場合,レポートを変なRSTとして表示してしまうことがあります. JT65やFT8などの場合は変なRSTとなってしまうので,チェックする必要はないでしょう.

④ 周波数

- Turbo HAMLOGで認識できない周波数

⑤ モード

- 1文字目が英字でない場合

⑥ コード欄

- 国内局の場合は,QTH欄とマスターデータのQTHで文字列を比較して全角で2文字以上異なる
- マスターデータに存在しないコード
- コード欄に全角のスペースが入っている

⑦ QSL欄

- 1文字目が空白の場合

⑧ エリアとコード

- コールサインのエリア番号,または移動地のエ

リア番号とJCC/JCGコードの一致

例えば, JA1YCQ/2 で 東京都●●市移動 のようなデータ.

⑨ 開始レコード番号

ここで指定したレコード番号から最後までチェックします.

チェッカーの結果の表示例を図2-51の右側に示します.

Ⅴ　複数のコールサインで使えるようにする

1台のパソコンを家族で使用したい場合など,複数のコールサインで利用するときは,コールサインごとにハムログの動作環境を設定します.

メインウィンドウから［オプション］-［データの保守］-［別コールサイン用にインストール］をクリックすると,図2-52に示す「別のコールサイン用に,コールサイン名のフォルダにインストールします」の確認画面が出るので,［OK］をクリックします.

すると図2-53に示す「別のコールサインを入力してください」の画面が出ます.

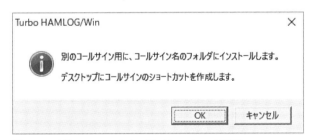

図2-52　別のコールサイン用インストール画面

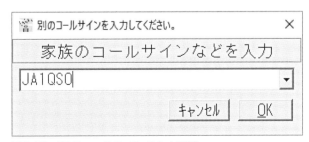

図2-53　別のコールサインの入力画面

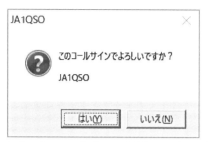

図2-54 「このコールサインでよろしいですか？」画面

別のコールサインを入力して［OK］をクリックすると，図2-54に示す「このコールサインでよろしいですか？」の確認が出るので，良い場合は［はい］をクリックします．

インストールが終わると「インストール完了」が表示されます．

例えば，JA1QSOと入力すると，C：¥JA1QSOフォルダにハムログをインストールし，デスクトップ上にJA1QSOというハムログのアイコンを作ります．

元のハムログがDドライブだった場合は，D：¥JA1QSOにインストールされます．

ハムログは別のフォルダにインストールされるので，それぞれの設定で動作させることができます．

別コールサイン用にインストールしたハムログから，さらに別のコールサイン用のハムログをインストールすることはできません．

Column ❷　こんなこともできる免許状Get's機能

メインウィンドウから「オプション」「免許状Get's」をクリックすると，図C-2に示す「免許状Get's」画面を表示します．

この画面を表示させておくと，入力ウィンドウ上でコールサインを入力したときに，総務省無線局免許情報から相手局の免許状情報を取得して表示します．

取得したQTH情報を入力ウィンドウに表示し，「QTH」ボタンをクリックすると，上記コールサインのQTHと免許状情報を表示します．

「From」ボタンをクリックすると，Turbo HAMLOG/Winの入力ウィンドウからコールサインを取り込み，QTHと免許状情報を表示します．

「QRZ」ボタンをクリックすると，免許状Get'sに記載されたコールサインでQRZ.COMを表示します．

この機能はユーザリスト掲載済みの方のみが使用可能です．

図C-2　免許状Get's画面

免許状Get's機能が動作する条件は次のとおりです．
① インターネットに接続していること
② ユーザーリスト掲載者であること
③ 免許状Get'sのダイアログボックスを表示していること
④ 相手が移動局でないこと，固定／常置場所で運用していること
⑤ コールサインを入力した時に，入力ウィンドウのQTH欄が空欄であること

3 ハムログの印刷機能

ハムログにはログリストを印刷したりQSLカードを印刷したりする機能が用意されています．ハムログでの運用に慣れてくると，ログを紙に印刷して保存することに絶対的な意味はなく，それよりもバックアップをきちんと取った方が良いということが分かります．しかし，ハムログを使い始めて間もない方は，入力したデータが間違いなく登録されているかどうかが心配になるものです．

本章では，登録したログデータを確認し，安心して利用いただくことを目的として，交信データをログリストへ印刷する方法を解説します．

またハムログの大きな特長の1つとして，手軽にQSLカードを印刷する機能があります．ハムログで用意されているQSLカードの作成方法と印刷機能を紹介します．

3-1 ログの印刷

本節ではQSOデータをログリストとして印刷する方法を解説します．

● 交信データを日付順に並べ替える

ログを日付時間順に登録していない場合，まずは日付時間順に並べ替えます．この作業をする前に，念のため交信データのバックアップを取っておきましょう．

日付時間順への並べ替えは，ハムログのメインウィンドウの「オプション→データの保守→日付時間順にソート」で実行できます．

● 全ての交信データを印刷する方法

ログリストの印刷条件は，図3-1に示すメインウィンドウの「検索→複合条件検索と印刷」で出てくる「検索条件の設定」で指定します．

全ての交信データを印刷する場合は，「検索条件の設定」で「入力順」を指定し，「レコード」を「1」から「最終の番号」（メインウィ

ンドウで確認できる）までとします．さらに定義ファイル名「A4_TATE.fjp」を選択し，出力先を「プリンター」と指定し，「検索無し」ボタンをクリックすると印刷を開始します．

「入力順」を指定すると，交信データに付けられたレコード番号順に印刷します．

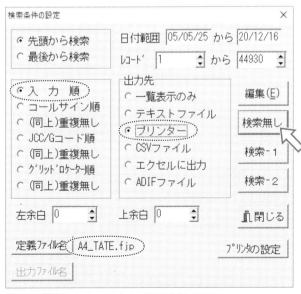

図3-1 「検索条件の設定」で印刷条件を設定

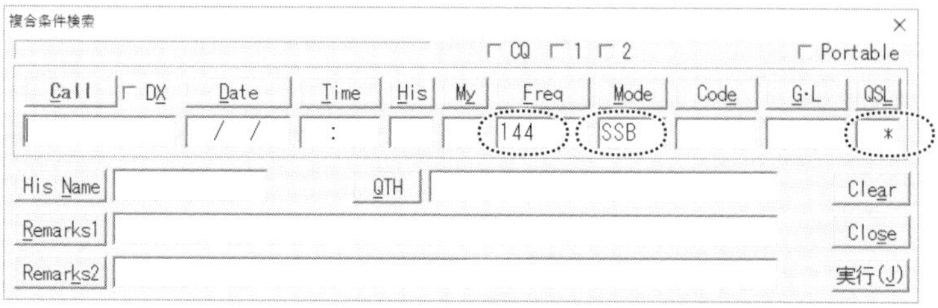

図3-2
複合条件検索ウィンドウ

● 条件に合致したデータを印刷する

　一定の条件で交信したログデータを抽出するには，図3-1（p.67）に示す「検索条件の設定」ウィンドウで「日付範囲」や「レコード」番号の範囲，「検索の方向」や「並び順」，「重複の有り無し」の条件を指定します.

　例えば，JARL発行の144MHz-100アワードの場合は「検索条件の設定」で，コールサイン順（重複無し）を指定し，「検索1」のボタンをクリックした後に出てくる「複合条件検索」ウィンドウ（図3-2）で「Freq」欄に144と入力し，「QSL」欄の3文字目に「＊」を入れてQSLカード受領済みを対象として「実行」します.

　また，SSBの特記を付ける場合は「Mode」欄に「SSB」と入力しておきます.

● 印刷様式の指定

　「検索条件の設定」ウィンドウで「定義ファイル名」を指定すると，図3-3に示す「ログリスト定義ファイル」ウィンドウが出るので，ここでログの印

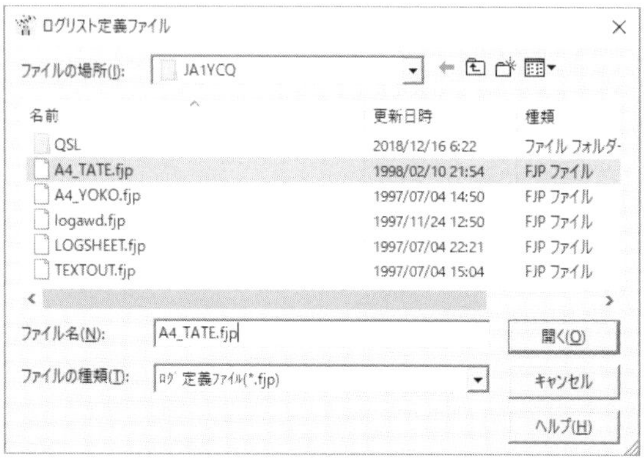

図3-3　「ログリスト定義ファイル」ウィンドウ

刷様式が定義されたファイルを指定します.

　ログリスト定義ファイルで印刷される様式は次のとおりです.

◆A4縦に罫線付きで50行印刷：A4_TATE.fjp

　「A4_TATE.fjp」を使うと，図3-4の①に示すように，白紙の用紙に罫線付きで50行／頁でログを印刷できます.

　基本データとName，QTHを印刷できます.

◆A4横に罫線付きで32行印刷：A4_YOKO.fjp

　「A4_YOKO.fjp」を使うと，図3-4の②に示すように，白紙の用紙に罫線付きで32行／頁でログを印刷できます. 定義ファイルをそのまま使って日付時刻やRST，周波数などの基本データおよびName，QTH，Remarks1の内容を26文字（全角13文字）印刷できます.

　この定義ファイルの中身の，#Data 1965,0，"!R00,26"の26を38に修正するとRemarks1を全角19文字まで印刷できます.

◆TEXTOUT：TEXTOUT.fjp

　「TEXTOUT.fjp」を使うと，28×28cmの用紙に，レコード番号，Callsign，Date，Time，His，My，Freq，Mode，Code，Name（10文字），QTH（24文字），Remarks 1（26文字）を印刷するようになっています（文字数は半角の数です）.

```
#Print 20, 180," No   Callsign …
#Data20,0,"!n !c !d !t !h !m !f !M
!j !N10 !Q24 !R00,26"
```

　上記の行から不要な項目を削除し，A4サイズの28×19cm程度に収めて利用するとFBです.

　ここで利用しているパラメータの意味は次頁左の囲みのとおりです.

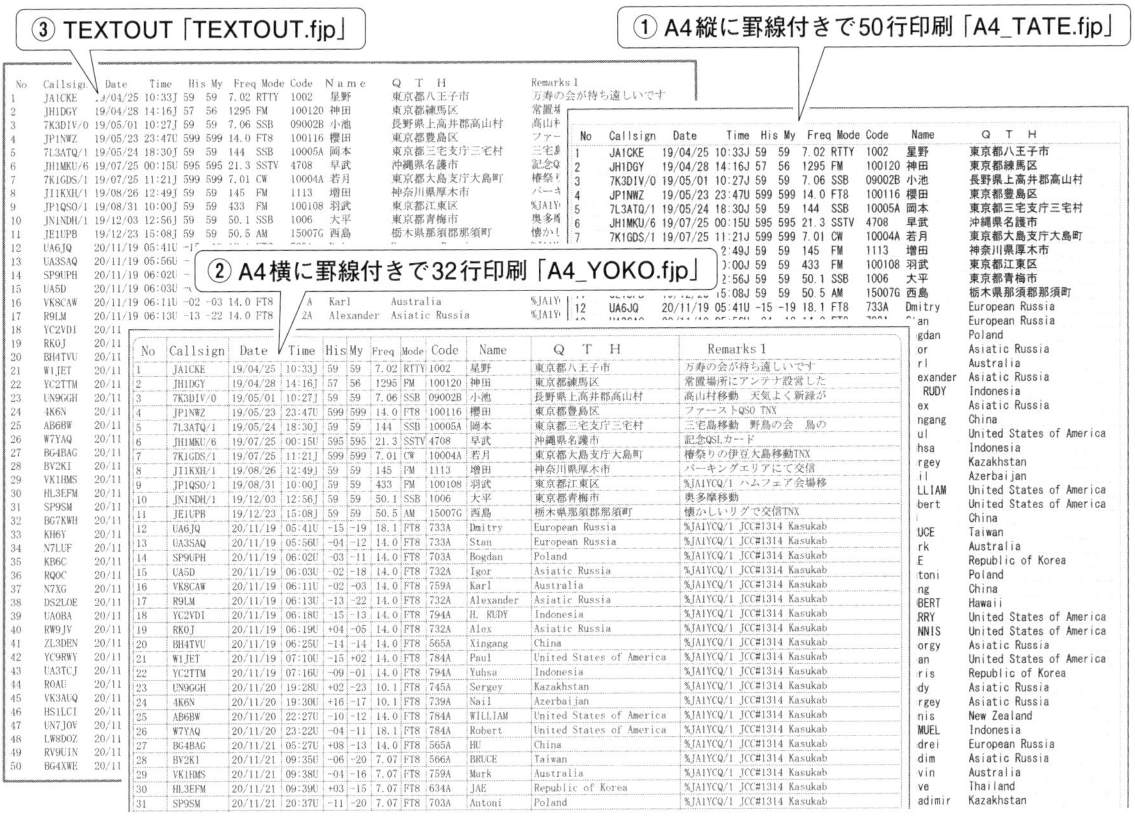

③ TEXTOUT「TEXTOUT.fjp」

① A4縦に罫線付きで50行印刷「A4_TATE.fjp」

② A4横に罫線付きで32行印刷「A4_YOKO.fjp」

図3-4 ログリスト 印刷サンプル

!n	：レコード番号　6桁
!c	：コールサイン/移動地　9桁
!d	：交信年月日 9桁
!t	：交信開始時刻　6桁
!h	：相手のRS（T）レポート 3桁
!m	：自分のRS（T）レポート 3桁
!f	：周波数　4桁
!M	：電波型式　3〜16桁
!j	：JCCコード　6桁
!N10	：名前　10桁
!Q24	：QTH 24桁
!R00,26	：Remarks1 の00〜26桁

```
#Size 2800, 1900
#Trim
#FontName = "MS 明朝"
#FontSize = 12
#FontColor = 0
#FontStyle = 0
#Print 20, 180," Callsign    Date
Time     His My  Freq Mode Code
Name"
#While 230, 50, 50
#Data 20,  0, "!c !d !t !h !m !f !
M !j !N10"
```

　右の囲みはA4サイズの紙に，Callsign，Date，Time，His，My，Freq，Mode，Code，QTH（24文字）を印刷する例です（TEXTOUT.fjpの項目からレコード番号，名前，Remarks1を削除）．

◆**JARLアワード申請書のA4に印刷：logawd.fjp**

　「logawd.fjp」を使うと，JARLのQSLカードリスト（A4サイズ）に直接印刷します．

　定義ファイルの内容を適切に編集して利用します．

◆JARLコンテストログシート（B5）に印刷：
LOGSHEET.fjp

「LOGSHEET.fjp」を使うと，JARLのログシー

ト（B5サイズ）に直接印刷します．

定義ファイルの内容を適切に編集して利用します．

3-2 QSLカードの印刷

ハムログはQSL定義ファイルを利用して，プレプリントされたメーカー製のQSLカードや白紙のハガキ用紙にQSLカードの印刷をすることができます．また，ラベルに印刷することもできます．

I QSL定義ファイル

ハムログをインストールすると**図3-5**に示す7種類のQSLカード，1つのラベル，1つのSWL向けの定義ファイルが添付されています．

これらの定義ファイルを利用すると，コールサイン等を自局のデータ様式に編集して利用することができます．

見本は，巻頭のカラーページの「ハムログに添付されているQSLカード」を参照してください．QSL定義ファイルと印刷方式は次のとおりです．

① jg1mou1.qsl

背景に写真を配置した縦型のQSLカード．サンプルとして富士山の写真が添付されています．白紙に印刷します．

② jg1mou3.qsl

縦型，コールサインは斜めに印刷します．白紙

に印刷します．

③ 白紙縦.qsl

縦型，②との違いはコールサインが斜めになっていないことと，年の表示が2桁，またJST/UTCの表示です．白紙に印刷します．

④ FiveQSO.qsl

縦型，1枚のカードに最大5件分のQSOデータを印刷します．コンテスト等で複数バンドの交信をまとめて印刷できます．白紙に印刷します．

⑤ ONOUE1.qsl

オノウエ印刷のプレプリントされたQSLカードにQSOデータを印刷します．

⑥ 両面印刷.qsl

白紙のハガキの両面を使ってQSLカードを印刷します．

⑦ 白紙横.qsl

横型のQSLカードです．白紙に印刷します．

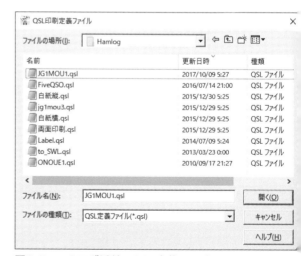

図3-5　ハムログ添付　QSL定義ファイル

⑧ **Label.qsl**

ラベル用紙にQSOデータを印刷，10インチ連続紙に12枚のラベルを印刷します．

⑨ **to_SWL.qsl**

縦型，SWLナンバーは「QSLカード印刷」画面のコメント欄に入れます．白紙に印刷します．

II　プレプリントされたQSLカードの印刷

本項では，QSLカードのメーカーで用意したフォーマットに従って印刷する方法を解説します．

オノウエ印刷のQSLカードを使っている場合は「ONOUE1.qsl」を，そのほかのメーカー製QSLカードを使っている場合も，この定義ファイルを編集して使います．

① **Rig/Antの設定とプリンタ設定**

ハムログのメインウィンドウから「オプション→QSLカード印刷」と進み，**図3-6**に示す「QSLカード印刷」画面が出たら「Rig/Ant」をクリックし，1行だけデータを作成しておきます．

例として「7，IC-7300M，50，DP，10，FBなQSOありがとうございました」と設定します．

「プリンタ設定」は印刷するプリンタ名を指定し用紙サイズ「ハガキ」と用紙の向きを設定しておきます．

② **QSL定義ファイルの選択**

Rig/Antの設定ができたら，**図3-6**に示す「QSLカード印刷」画面に戻り「定義ファイル」をクリックします．

③ **ONOUE1.qslの編集**

図3-5に示す「QSL印刷定義ファイル」ウィンドウが表示されるので，一覧から「ONOUE1.qsl」を指定して「開く」をクリックします．

続けて**図3-6**に示す「QSLカード印刷」から「編集」を指定すると，**図3-7**に示す「ONOUE1.qsl」の画面が表示され，この画面で定義ファイルを編集します．

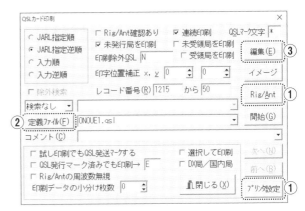

図3-6　「QSLカード印刷」ウィンドウ

④ **試し印刷**

まず，メーカー製のQSLカードをプリンタにセットし，定義ファイルを加工せずに試し印刷してみます．

図3-7に示す「ONOUE1.qsl」の画面から「編集」「試し印刷」で印刷できます．プリンタの機種により，縦，横にずれて印刷されるケースがあります．この試し印刷の結果を見て，定規を使ってずれを測定します．

図3-8（p.72）の①が「試し印刷」の結果です．横方向は良さそうですが，縦方向は3mm程度上げると良さそうです．

この印刷位置の調節は，**図3-7**に示す「ONOUE1.qsl」の定義ファイル「#Set XY」の値で行います．

⑤ **印刷位置の補正**

Xは横方向，Yが縦方向の調節です．ここの定義では1が0.1mmに相当し，標準リリースでは

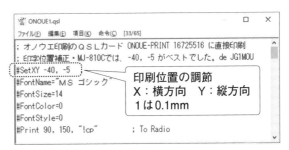

図3-7　ONOUE1.qsl 編集画面

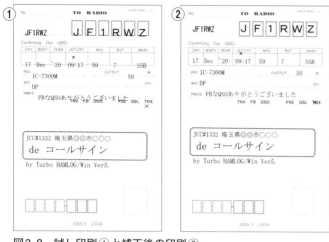

図3-8　試し印刷①と補正後の印刷②

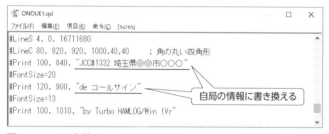

図3-9　QSL定義ファイルを書き換え

図3-10　印刷イメージ

「#SetXY -40, -5」となっているので，Yの値を-5
- 30 = -35とします．

　「#SetXY -40, -35」に変更後，再度印刷してみ
ます．図3-8の②に示すように，全体が上方向（マ
イナス方向）へ3mm移動して印刷できました．

⑥ 印刷データの修正

　印刷位置の調節がすんだら，印刷データの修正
を行います．

　図3-8を見ると，枠で囲まれた部分のJCC・
QTH・コールサインが仮の情報となっているので，
この部分を自局の情報に書き換えます．

　図3-7（p.71）に示すONOUE1.qslの編集画面
の右端のスクロールバーをマウスで下方向へドラ
ッグし，図3-9の部分を表示します．

　"JCC#1332 埼玉県◎◎市"を"JCC#110116
東京都豊島区巣鴨1-14-12"に，"de コールサイン"
を"JA1YCQ CQハムクラブ"のように，自局の情
報へ書き換えます．

　編集画面の文字の書き換えをする場合
は，書き換えたい場所をマウスでクリッ
クしてカーソルを表示し，キーボードか
ら文字を入力します．不要な文字はキー
ボードの「Delete」キーや「Back space」
キーで削除します．

⑦ 印刷イメージの表示と試し印刷

　書き換えが済んだら，ONOUE1.qslと表示され
ている編集画面の「編集」「印刷イメージ」を指定
すると，図3-10に示すように印刷イメージを画面
に表示します．

　表示に問題がなければ「編集」「試し印刷」をク
リックします．

⑧ QSL定義ファイルの保存

　QSL定義ファイルの編集が完了したら，名前を
付けて保存します．

　図3-11に示すようにONOUE1.qslの編集画面
より，「ファイル」「名前を付けて保存」を指定し，
「ONOUE1.qsl」を「ONOUE1YCQ.qsl」のように
元の名前＋付加情報とした名前にしておきます．

　オリジナルの名前で保存すると，次回バージョ
ンアップした時には書き換わってしまうので注意
します．

図3-11 QSL定義ファイルに新規の名前を付けて保存

● Rig/Antを設定する

QSL定義ファイルが完成したら,「Rig/Ant」を設定しましょう.

図3-6(p.71)に示す「QSLカード印刷」ウィンドウで「Rig/Ant」を指定し,「Rig/Antの設定」ウィンドウで, 周波数, Rig, Power, Ant, High, Rmksを設定します.

◇ 連続印刷時の注意

連続印刷で注意することがあります.

ハムログからプリンタへ連続印刷のデータを送り終わると, **図3-12**に示す「QSL発送済みマーク書き込み」ウィンドウが出ます. その時全てのQSLカードの印刷が終わるまで「OK」はクリックしないように注意しましょう.

この「QSL発送済みマーク書き込み」ですが, プリンタに用紙が詰まって続行が不可能になった場合に, 正常に印刷した最後のQSLカードのレコード番号を入力します. これにより未印刷の部分に発送済みマークを書き込まないようにし, 未印刷の部分のみを再度印刷指示することができます.

レコード番号は, 大きい数字が最後とは限りません. 例えば, JARL指定逆順で印刷した場合, 1エリアが最後の方になります.

全て印刷に成功したのであれば, レコード番号は変更せずに, そのままOKボタンを指定します.

図3-12 QSL発送済みマーク書き込み

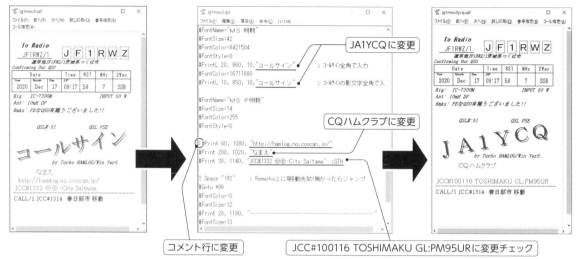

図3-13　jg1mou3.qslを編集

ここで「Rig/Ant確認あり」がチェックされていない場合は，Rig/Antを上から順に探して，最初に見つかったFreqのRig/Antに登録されている情報を印刷します．

「Rig/Ant確認あり」がチェックされている場合は，印刷時にウィンドウが開き，Rig/Antを選択できます．Escキーを押すとQSL印刷を中断します．

また，QSOデータのRemarks1かRemarks2に「Rig#5」のように文字列が入力されていれば，Freqに関係なく，Rig/Ant設定の5番目の情報を印刷します．

● QSLカードを印刷する

Rig/Antの設定ができたら，QSLカードを印刷しましょう．

① QSL定義ファイルを指定

ハムログのメインウィンドウから「オプション」「QSLカード印刷」のウィンドウで「定義ファイル」を指定し，先ほど保存したQSL定義ファイル「ONOUE1YCQ.qsl」を開きます．

② プリンタ設定

「プリンタ設定」で用紙を「はがき」に指定しておきます．

③ QSLカードの連続印刷設定

QSLカード未発行局を連続印刷する場合は，QSLカード印刷のウィンドウの「未発行局を印刷」と「連続印刷」にマークを入れます．

④ 印刷順の指定

「JARL指定順」と「JARL指定逆順」は印刷する順序を指定するもので，プリンタのスタッカーに積まれた結果は通常と逆になります．

よってJARL指定逆順で印刷すると，そのままJARLビューローへ送ることができます．

⑤ 開始

「開始」をクリックすると連続印刷を開始します．

III	**白紙ハガキ用紙に QSLカードを印刷**

本項では，白紙ハガキ用紙にjg1mou3.qslを利用してQSLカードを印刷する方法を解説します．

① 定義ファイルjg1mou3.qslを編集する

jg1mou3.qsl定義ファイルを「印刷イメージ」で開くと図3-13の左図になっています．

変更が必要な個所は次の4カ所です．

1. "コールサイン"

2カ所あります．作成するコールサインに書き換

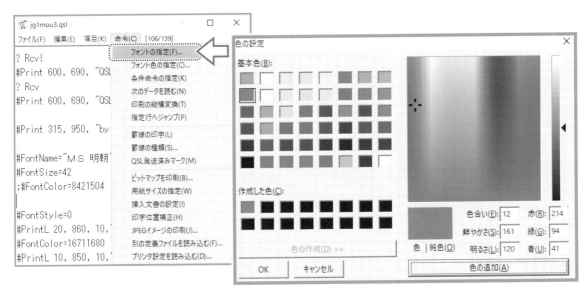

図3-14　フォントの指定やフォントの色指定

えます（全角）．

2. http://hamlog.no ～

ホームページのURLを記載します．必要なければ行の先頭に「；」セミコロンを挿入しコメント行にします．

3. "なまえ"

氏名を入れます．DXもされる方はローマ字表記が良いでしょう．

4. "JCC#1332 ◎◎-City Saitama"

JCC（G）番号　市区町村名　GL等を書き換えます．

以上で基本的な文字の修正は終わりです．編集の結果は**図3-13**の右図のようになります．

② コールサインの
##　　　文字サイズと色を変更する

コールサインの文字サイズは，上から104行目の#FontSize=42で指定しています．

文字を大きくしたい場合は42より大きい値を，小さくしたい場合は42より小さい値を指定します．

コールサインの色は上から105行目と108行目の#FontColor＝で指定します．

色を変える場合は，まず#FontColor=8421504の行の先頭に「；」を入れてコメント行にし，

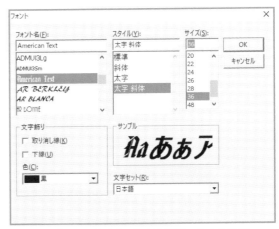

図3-15　「フォント」ウィンドウでフォントを選択

「Enter」キーを押して次の行を作ります．そして**図3-14**に示す「命令」のプルダウンメニューから「フォント色の指定」を選ぶと，「色の設定」ウィンドウが現れます．

基本色を利用する場合は基本色から選択，中間色を利用したい場合は「色の作成」を指定して希望の色を選択し，「色の追加」をクリックします．

③ 文字フォントを工夫する

図3-14に示す「命令」のプルダウンメニューから「フォントの指定」をクリックすると**図3-15**に示す「フォント」が表示されます．ここでは文字の

種類（書体，フォント名）を見ながら選択することができます．

フォント名にはWindowsにインストールされているフォントの一覧が表示されます．

jg1mou3.qsl定義ファイルのコールサインのフォントは#FontName="MS明朝"と指定されて

います．しかし，英字フォント（英字で表記されているもの）を利用する場合は全角のままでは文字化けするので，

    #PrintL 20, 860, 10,"JG1MOU"　を
    #PrintL 20, 860, 10,"JA1YCQ"
と半角で入力します．

3-3　素敵なQSLカード

「素敵なQSLカード」とは本書付属CD-ROMに付いているハムログ用のQSL定義ファイルと背景画像です．手軽にFBなQSLカードを作ってハムの運用を楽しむことを目的として「素敵なQSLカード」と呼んでいます．

「素敵なQSLカード」なら，たった4カ所を修正するだけで手軽にQSLカードが作れます．これを利用して，背景画像を入れ替えたり，定義ファイルを加工したりして，オリジナリティーあふれる素敵なQSLカードを作りましょう．

I　素敵なQSLカードの種類

巻頭カラーページでも紹介していますが，素敵なQSLカードには5種類のQSL定義ファイルと背景画像があります．

背景画像は定義ファイルとの組になっているので，セットで利用してください．

① 素敵なQSLカード1

図3-16に示します．

定義ファイル：素敵なQSLCARD1.qsl

背景画像：yoko_card_back.jpg

台紙のログ帳に右斜め上がりの方向に交信データを印刷します．

② 素敵なQSLカード2

図3-17に示します．

定義ファイル：素敵なQSLCARD2.qsl

背景画像：yoko_card_back2.jpg

台紙のログ帳に右斜め上がりの方向に白ヌキ文字で交信データを印刷します．

③ 素敵なQSLカード3

図3-18に示します．

定義ファイル：素敵なQSLCARD3.qsl

背景画像：yoko_card_back3.jpg

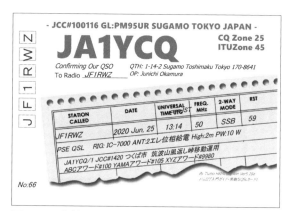

図3-16　素敵なQSLカード1

図3-17　素敵なQSLカード2

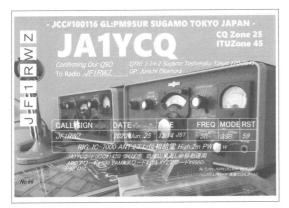

図3-18 素敵なQSLカード3

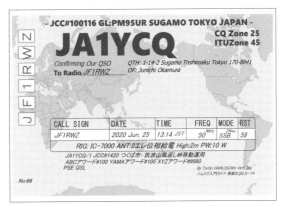

図3-19 素敵なQSLカード4

JARL転送枠以外は白ヌキ文字で，背景の画像が全て透けて見えます．

背景はビンテージリグを使っていますが，差し替える場合は全体的に濃いめの画像がフィットします．

④ **素敵なQSLカード4**

図3-19に示します．

定義ファイル：素敵なQSLCARD4.qsl

背景画像：yoko_card_back4.jpg

背景は世界地図を利用しています．

データ欄へ背景が印刷されないように，その項目部分を白で埋めています．

⑤ **素敵なQSL カード5**

図3-20に示します．

定義ファイル：素敵なQSLCARD5.qsl

背景画像：yoko_card_back5.jpg

全ての文字を黒に統一し，落ち着いたイメージとなっています．

背景には電鍵を利用しています．

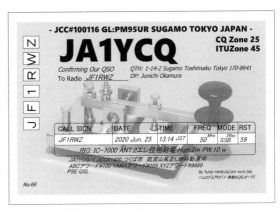

図3-20 素敵なQSLカード5

Ⅱ 素敵なQSLカードのインストール

素敵なQSLカードをインストールするには，まず付属CD-ROMの「SutekinaQSLCard」フォルダに格納されている5つの定義ファイルと背景画像をC:¥Hamlogにコピーします．

図3-21に示す付属CD-ROMのメニュー画面に「素敵なQSL cardのインストール」が用意されているのでご利用ください．

もちろん手動でコピーしていただいてもかまい

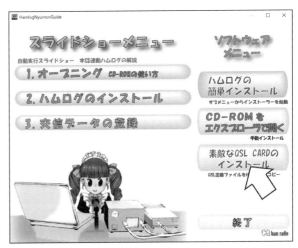

図3-21 素敵なQSL CARDのインストール

```
;   書籍「ハムログ入門ガイド」付属 CD-ROM 添付 QSL 定義ファイルです.
;   QSL カードタイトル ：【 素敵な QSL カード 1 】v1.0　　片面のみ印刷
;   QSL 定義ファイル：素敵な QSLCARD1.QSL 背景画像：yoko_card_back.jpg
;   白紙にログ帳イメージの台紙に直接印刷します.
;   ★の場所を貴局の情報に修正してご利用ください. ★①～★④まで.
;   コールサイン太字は Windows10 に標準搭載の"Segoe UI Black"を使っています.
;   QSL 定義ファイルの利用は自己責任でお願いします.
#Yoko                       ;横方向の QSL カードを作ります.
#SetXY -20, -20             ;印刷時の微調整 X 横方向 Y 縦方向 20x0.1=2mm 調整しています.
#Size 1480, 1000            ;印刷イメージを確認する時に使います ハガキサイズを指定.
#Jpg 0, 0, 1480, 0, ".¥yoko_card_back.jpg"            ;jpg 画像と QSL 定義は同一フォルダーに入れる
#FontName="Segoe UI Black"  ;コールサイン等大きい文字のフォントです.
#FontColor=0x002191B1       ;コールサイン等大きい文字のフォントの色です.
#FontSize=50                ;コールサインのフォントサイズです.
#FontStyle=0                ;コールサイン等大きい文字のフォントスタイルです.
#Print 260, 50, "JA1YCQ"                             ;★①コールサイン
#FontSize=13                ;JCC 等の文字のサイズです.
#Print 200, 30, "- JCC#100116 GL:PM95UR SUGAMO TOKYO JAPAN -"     ;★②JCC 等の情報
#FontSize=13                ;CQ Zone 等の文字のサイズです.
#Print 1150, 90, "CQ Zone 25"    ;CQ Zone 25 と印刷します.
#Print 1150, 140, "ITUZone 45"   ;ITUZone 45 と印刷します
;#Print 1150, 190, "JAG# 12345"  ;☆JAG 番号を印刷する時に利用ください. 印刷時は行頭の「;」を削除.
;#Print 1150, 240, "ACC# 12345"  ;☆ACC 番号を印刷する時に利用ください. 印刷時は行頭の「;」を削除.
#FontName="Tahoma"          ;住所, 氏名のフォントです.
#FontStyle=2                ;住所, 氏名のフォントスタイルです.
#FontColor=0                ;住所, 氏名のフォントの色です.
#FontSize=9                 ;住所のフォントサイズです. テストプリントして，住所がはみ出す場合は 8 にします.
#Print 660, 260, "QTH: 1-14-2 Sugamo Toshimaku Tokyo 170-8641"   ;★③住所
#FontSize=9                 ;氏名のフォントサイズです.
#Print 660, 300, "OP: Junichi Okamura"               ;★④氏名
;#Print 480, 900, " "       ;最下行自由記述"（文字を入れます）" 写真面の説明等でお使いください.
#FontSize=6
#FontColor=0x005591C6
#Print 1050, 840, "By Turbo HAMLOG/Win !Vr"          ;ハムログのバージョンを印刷します.
#Print 1050, 870, "ハムログ入門ガイド・素敵な QSL カード1"   ;ご利用いただきありがとうございます.
#LineS 2, 0, 0x003588A9,    ; JARL 転送枠の線のスタイル設定です.
#LineR 55, 98, 145, 165,    ; JARL 転送枠の四角形を印刷です.
#LineR 55, 188, 145, 255,
#LineR 55, 278, 145, 345,
#LineR 55, 368, 145, 435,
#LineR 55, 458, 145, 525,
#LineR 55, 548, 145, 615,
#FontName="@ＭＳ ゴシック"   ; JARL 転送枠に入れるコールサインのフォントです.
#FontColor=0x00575757       ; JARL 転送枠の"フォントの色です. 若干薄い黒を指定.
#FontSize=20                ; JARL 転送枠に入れるコールサインのフォントサイズです.
#FontStyle=0
#Print 65, 550, "!C1"       ; JARL 転送枠 1 文字目を印刷します.
#Print 65, 460, "!C2"
#Print 65, 370, "!C3"
#Print 65, 280, "!C4"
#Print 65, 190, "!C5"
#Print 65, 100, "!C6"
#FontColor=0x0000003E       ;To Radio と Confirming Our QSO のフォントを以下指定します.
#FontName="Tahoma"
#FontSize=10
#Print 250, 310, "To Radio" ;To Radio の文字を印刷します.
#FontStyle=2
#Print 250, 260, "Confirming Our QSO" ;Confirming Our QSO の文字を印刷します.
#LineS 2, 0, 64             ;To Radio の下線のスタイルを設定します.
#LineX 400, 345, 250,       ;To Radio の下線を印刷します.
```

図3-23　素敵なQSLCARD1.qsl の編集

```
#FontColor=0
#FontSize=14                    ;JARL 転送枠に印刷する Via のフォントを以下設定します.
#FontStyle=1
#FontName="ＭＳ Ｐゴシック"
#FontColor=0x00575757
? QslM                          ;QSL 欄の 1 文字目が M の場合は次の 1 行を実行します.
#PrintL 80, 710, 90, "Via"      ;90 度回転して Via を印刷します.
#FontColor=0x005E0000           ;データ欄に入れる文字のフォントを以下設定します.
#FontSize=12
#FontStyle=2
:#FontName="うずらフォント"      ;☆フリーの手書きフォントを利用する場合はそのフォント名のみ指定します.
                                ;フリーの手書きフォントは, インターネットで検索してダウンロードします.
                                ;ttf ファイルを右クリックし, インストールメニューをクリックします.
                                ;有効にするには#FontNam の前にある「:」セミコロンを消します.
#Print 410, 305, , "!cp"        ;半角コールサイン/移動地のデータを印刷します.
#FontSize=12
#FontStyle=2
? QslM                          ;QSL 欄の 1 文字目が M の場合は次の 1 行を実行します.
#Print 250, 360, " Via !c1!c2!c3!c4!c5!c6!c7!c8" ; Via QSL マネージャのコールサインを 8 桁印刷します.
? DXST                          ;相手が DX 局であれば次の 1 行を実行します.
#Goto *10                       ;*10 へジャンプします.
#FontSize=9                     ;DX でない場合(国内局の場合)フォントを指定します.
? Potbl                         ;移動局であれば, この次の 1 行を実行します.
#Print 250, 355, , "!QT 移動"    ;QTH を移動地として印刷します.
*10                             ;DX も国内もこの行へ飛んできます.
#FontSize=10
#FontStyle=3
? UTC!                          ;UTC でない場合(JST の場合), 次の 1 行を実行します.
#PrintL 885, 505, 7, "===JST"      ; ===JST を印刷します.
#FontSize=12
#FontStyle=2
#PrintL 250, 640, 5, "!cp"       ; 半角コールサイン/移動地を印刷します.
#PrintL 569, 614, 6, "!DY !DJ !Dd"  ; 年月日のデータを印刷します.
#PrintL 855, 585, 5, "!TH:!TM"      ; 時   分  のデータを印刷します.
#PrintL 1020, 565, 5, "!FR"        ; 周波数   のデータを印刷します.
#PrintL 1165, 553, 5, "!MD"        ; モード   のデータを印刷します.
#PrintL 1315, 535, 5, "!HR"        ; RS レポート  のデータを印刷します.
#FontSize=10
#PrintL 300, 785, 6, "!R1"         ;Remarks1 の%で括った文字列を印刷します.
#PrintL 300, 825, 6, "!R2"         ;Remarks2 の%で括った文字列を印刷します.
#FontSize=12
? DXST                          ;相手が DX 局であれば次の 1 行を実行します.
#Goto *510                      ; (DX 局の場合)*510 へジャンプします.
#Goto *610                      ; (国内局の場合)*610 へジャンプします.
*510                            ; (DX 局の場合)ここにきます.
? Rcv!                          ;QSL 受領済みでない場合, 次の 1 行を実行します.
#PrintL 260, 715, 6, "PSE QSL !NA    RIG: !RG ANT:!AN"  ;PSE QSL と名前, RIG とアンテナを印刷します.
? Rcv                           ;QSL 受領済の場合, 次の 1 行を実行します.
#PrintL 260, 715, 6, "QSL Tnx !NA    RIG: !RG ANT:!AN"  ;QSLTnx と名前, RIG とアンテナを印刷します.
#Goto *710                      ;*710 へジャンプします.
*610                            ; (国内局の場合)ここにきます.
? Rcv!                          ;QSL 受領済みでない場合, 次の 1 行を実行します.
#PrintL 260, 715, 6, "PSE QSL     RIG: !RG ANT:!AN"      ;PSE QSL RIG とアンテナを印刷します.
? Rcv                           ;QSL 受領済みの場合, 次の 1 行を実行します.
#PrintL 260, 715, 6, "QSL Tnx   RIG: !RG ANT:!AN"       ;QSLTnx RIG とアンテナを印刷します.
*710
#FontColor=0x005E0000
#Print 50, 900, , "No:!NO"        ; "No"を印刷し続けてレコードナンバーを印刷します.
```

3

図3-22　QSLカード印刷

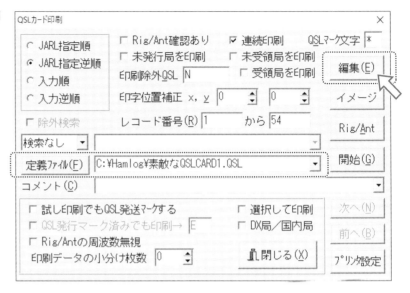

ません.

　手動でコピーする場合はセットになっている背景画像も忘れずにコピーしましょう.

Ⅲ　素敵なQSLカードの編集

　インストールが済んだら早速使ってみましょう.ここでは「素敵なQSLカード1」を使って説明を進めます.

① QSLカード印刷画面を表示

　ハムログのメインウィンドウから「オプション」「QSLカード印刷」をクリックし,図3-22に示す「QSLカード印刷」画面を表示します.

② 定義ファイルの設定と編集

　「定義ファイル」をクリックします.C：¥Hamlogの中から「素敵なQSLCARD1.qsl」を探してクリックし,今度は「開く」をクリックします.

　続けて「編集」をクリックすると,図3-23（p.78-79）に示すQSLカード編集画面が表示されます.

③ 定義ファイルの書き換え

　定義ファイルで書き換える場所は★①から★④までで,最低4カ所を書き換えればOKです.

★① "JA1YCQ"のコールサイン部分を半角英文字に書き換えます.

　　フォントはWindows 10標準搭載の"Segoe

UI Black"を使っています.フォントは好みで書き換えていただいても結構です.

　　移動運用のカードを作る場合はコールサイン/nでもOKです.

★② "-JCC#100116 GL:PM95UR SUGAMO TOKYO JAPAN -"の「"」で囲まれた部分を書き換えます.

★③ "QTH: 1-14-2 Sugamo Toshimaku Tokyo 170-8641"のQTH:の後を書き換えます.

★④ "OP: Junichi Okamura"のOP:の後を書き換えます.

　　書き換えた後に,「"」で囲まれているかを目視確認します.

④ 印刷イメージの確認

　定義ファイルを書き換えたら,図3-24に示す「編集」「印刷イメージ」をクリックして編集内容を確認します.

　画面の確認が終わったら「編集」「試し印刷」で試し印刷をします.

　画面と印刷は微妙に異なり,最終的には「試し印刷」による確認が必要です.

⑤ 確認が終わったら

　確認が終わったら「ファイル」「編集に戻る」を

図3-24　印刷イメージの確認

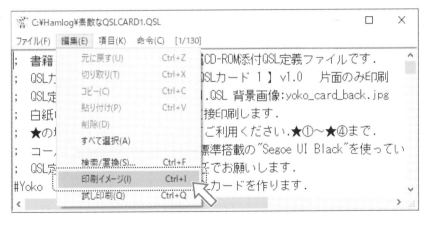

クリックし編集画面に戻ります.

⑥ 名前を付けて保存

必ず「名前を付けて保存」を指定し，別名で保存しましょう.

「素敵なQSLCARD1.qsl」は，例えば「素敵なJA1YCQ1.qsl」などの自分のコールサインを付けて保存しておくと良いでしょう.

⑦ 編集で文字がはみ出してしまう時には

"-JCC#100116 ～ -"がはみ出してしまう時は，その上の行の#FontSize=13 の値を小さいものに変更します.

"QTH: 1-14-2～ がはみ出してしまう時は，その上の# FontSize=9 の値を小さい値に変更します.

⑧ コールサイン文字のフォントが
####　　見本と違う時には

素敵なQSL CARDのコールサインの文字は，Windows 10標準搭載の "Segoe UI Black" というフォントを使っています.

見本と異なる場合は "Segoe UI Black" が入っていないことが考えられます.

なおWindows 10以前のOSには標準で入っていませんので，適切な太さの代替のフォントを探して指定します. 次項の**3-3 Ⅳ もっと素敵なQSLカードへ**にある「●コールサインのフォント（p.84）」を参考にしてください.

変更する時は上から5行目の#FontName=

"Segoe UI Black" を書き換えます.

⑨ Rig/Antが印刷されない時には

Rig/Antの設定は済んでいますか？「オプション→QSLカード印刷」から「Rig/Ant」をクリックしてリグとアンテナを設定します.

⑩ 全角の文字が文字化けてしまう時には

その直前で指定した#FontName="フォント名"のフォントがインストールされていない時に全角の文字が文字化けします.

⑪ インストールされているフォントを
####　　調べたい時には

どのようなフォントがパソコン（PC）にインストールされているかを調べるには，「Windowsスタートボタン→Windowsシステムツール→コントロールパネル」と進みます.

続けて，「ディスクトップのカスタマイズ→フォント」をクリックするとインストールされているフォントの一覧を見ることができます.

Ⅳ　もっと素敵なQSLカードへ

オリジナルの素敵なQSLカードを作りましょう.

ここでは移動運用で撮影した画像を利用してQSLカードを作ります.

① 背景画像の作り方

撮影した画像をトリミング※してハガキサイズにします.

画像を加工するソフトはデジカメを購入した時

に付いてくるもので十分です.

　画像のトリミング方法を説明した部分を読んで,画像から使いたいところを切り取ります. ハガキは横長なので, 横方向148mm 縦方向100mmに設定します.

　ハムログに読み込ませる時は横：縦の比率が148：100になっていればOKで, 画像の解像度も200dpi程度あれば十分です.

② 落ち着いた背景画像の作り方

　レベル補正やコントラストなどで画像の明るさを調節します.

　データ面に当たる画像なので, 落ち着いた雰囲気とするためにわざとトーンを落としたものを用意することもあります.

　レイヤー構造のある画像加工ソフトであれば, 対象画像の上のレイヤーを白で塗りつぶし, その白レイヤーの不透明度を50%程度に設定すればOKです.

　JARLのQSLカード転送取り扱い規定では, 転送先コールサイン記載面の色彩は全面白または淡色となっていますので, なるべく濃い色は使わないようにしましょう.

● 移動運用の素敵なQSLカードを作る

　素敵なQSLカード3～5は, 背景画像を変えても利用できるように考慮しています.

　素敵なQSLカード3は白ヌキ文字を使っていますので, 背景が濃い色の画像に, 素敵なQSLカード5は黒色文字を使っていますので背景色が淡い画像に向いています.

　本書付属CD-ROMの「QSLBackground material」の中に, QSLカードへ使える背景画像を収録しています.

（巻頭カラーページ【さらに素敵なQSLカード】参照）

① 移動運用のQSLカード（車移動1）

　「QSLBackground material」の中に車移動のサンプルとして「yoko_card_back61.jpg」があります. これを「素敵なQSLCARD3.qsl」に取り込

図3-25　移動運用QSLカード（車移動1）

んでみましょう.

```
#Jpg 0,0,1480,0,".¥yoko_card_back3.
jpg" を
#Jpg 0,0,1480,0,".¥yoko_card_back
61.jpg" と書き換えます.
```

　図3-25に示すQSLカードができます.

② 移動運用のQSLカード（車移動2）

　「QSLBackground material」の中に車移動のサンプル2として「yoko_card_back62.jpg」がありますのでこれを「素敵なQSLCARD3.qsl」に取り込んでみましょう.

```
#Jpg 0,0,1480,0,".¥yoko_card_back3.
jpg" を
#Jpg 0,0,1480,0,".¥yoko_card_back
62.jpg" と書き換えます.
```

　印刷イメージを表示するとRemarksに書いた移動地の情報が車のボンネットの上になり, 白い文字では見にくいですネ.

　見にくい部分はフォントの色を黒に変更します.
```
#Print 370, 710,, "RIG: !RG ANT:!AN"
#FontColor＝0x00000000
```
この行を追加します.
```
#Print 310, 770,, "!R1"
```
　図3-26に示すQSLカードができます.

③ 山岳移動のQSLカード（1）

　「QSLBackground material」の中に山岳移動

図3-26 移動運用QSLカード2(車移動2)

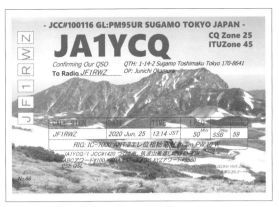

図3-27 山岳移動QSLカード(1)

のサンプルとして「yoko_card_back51.jpg」があ
ります. これを「素敵なQSL CARD4.qsl」に取り
込んでみましょう.

```
#Jpg 0,0,1480,0,".¥yoko_card_back4.
jpg"  を
#Jpg 0,0,1480,0,".¥yoko_card_
back51.jpg"  と書き換えます.
```

図3-27に示すQSLカードができます.

④ 山岳移動のQSLカード(2)

「QSLBackground material」の中に山岳移動
のサンプルとして「yoko_card_back56.jpg」があ

ります. これを「素敵なQSL CARD5.qsl」に取り
込んでみましょう.

```
#Jpg 0,0,1480,0,".¥yoko_card_back5.
jpg"  を
#Jpg 0,0,1480,0,".¥yoko_card_
back56.jpg"  と書き換えます.
```

図3-28(p.84)に示すQSLカードができます.

● お気に入りの画像を使ったQSLカード

お気に入りの画像を使って素敵なQSLカードを
作りましょう. 巻頭カラー頁「さらに素敵なQSL

Column ❸ 編集画面(エディター)の使い方を覚えよう

　ハムログを使うために初めてパソコンにチャレンジする方のために, 本書では「七つのパソコンの基本
操作を覚えましょう」と題して解説しています(pp.22〜25).

　さらにステップアップして, ログ帳やQSLカードの印刷では8番目の基本操作としてエディターの使い
方を覚えましょう.

　ハムログのメインウィンドウの「オプション」の「QSLカード印刷」から「編集」を指定すると出てくる
のがエディター画面です. ここで定義ファイルの編集を行います.

　定義ファイルを修正する場合は, 矢印キーで変更したい場所へカーソルを持っていき, キーボードの文
字キーで変更する文字を入力し, 不要な文字は「DEL」キーで削除します. 全角文字(漢字)や半角文字
に気を付けて修正しましょう.

　定義ファイルの内容を変更したら, 「ファイル」「名前をつけて保存」を指定し, 必ず別の名前を付けて
保存します.

　後々の参考になるので, オリジナルの定義ファイルは残しておきましょう. また修正した定義ファイル
をオリジナルのファイル名で保存すると, 次回バージョンアップした時に書き換わってしまうので注意し
ましょう.

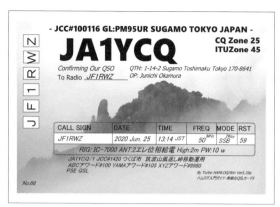

図3-28　山岳移動QSLカード（2）

図3-29　手書きフォントのサンプル

カード⑤」にお雛様の画像を取り込んだQSLカードを掲載しています.

定義ファイルの「:コールサイン等大きい文字のフォントの色」の場所を #FontColor＝0x000000FF とすると赤色のコールサインとなります.

● 手書き風フォント

インターネットを利用すれば, 無料で使えるフリーフォントをダウンロードできます（図3-29）.

検索エンジンを利用して「フリー　手書き風フォント」のキーワードで探してみましょう.

お好みのフォントが見つかったらダウンロードしてインストールします.

定義ファイルを書き換える場所ですが, 定義ファイルの中ほどに次の行があります.

;#FontName="うずらフォント"

この行は「;」でコメント行にしてありますが, この「;」を削除し"うずらフォント"の" "内を利用するフォント名に書き換えます.

インストールされていない状態で#FontNameを指定すると文字が化けたりしますので, 留意しましょう.

● コールサインのフォント

もっと素敵なQSLカードにするために, QSLカードのコールサイン文字のフォントへこだわりた

◇ 素敵なQSL定義ファイルのご利用にあたって

本書の読者の方は, この「素敵なQSL定義ファイル」を利用して作ったQSLカードを, 自局のQSLカードとして, また所属クラブ局のQSLカードとして自由にご利用いただけます. フレンド局のカードを作ってあげてもかまいません. 禁止事項は次のとおりです.

許可なく, 「素敵なQSL定義ファイル」と「付属の背景画像」をインターネットHPにおいて配布したり, ダウンロードサービスとして配布することを禁じます.

素敵なQSLカードについてのご感想やご質問はCQ ham radio 編集部までお願いします（返事が必要なものはSASEでお願いします）.

ご利用に際してご注意ください。

フォント名：American Text

フォント名：VictorianLET

フォント名：Vineta BT

フォント名：AR DELANEY

フォント名：Blackletter686 BT

フォント名：AR CHRISTY

フォント名：AR DARLING

フォント名：AR DESTINE

図3-30　コールサインのフォント例

フォントの選び方で
イメージが変わるから
おもしろいわネ！

3

くなりますネ.

　図3-30に示すように，欧文フォントには個性豊かなものがたくさんあります．お気に入りのフォントを探してみましょう．

　コールサインのフォントを変える場合は，上から5行目の

　#FontName="Segoe UI Black"

の「""」の中を書き換えます．

　印刷イメージを表示してコールサインの文字サイズを確認します．文字サイズの変更が必要な場合は,

　#FontSize=50 の50の値を調節します．

● フチなし印刷

　フチなし印刷は「QSLカード印刷」画面の「プリ

ンタ設定」からはがき用紙を選択した後「プロパティ」を指定してフチなし全面を指定します．フチなし印刷をする場合は印刷定義ファイルの2行目の#SetXY-20-20 を，#SetXY+20+20に変更した後，試し印刷で数値を調整してください．

3-4　QSLカードを打ち分ける（テクニカル編）

　ハムログにはQSLカードを打ち分ける機能が用意されています．「オプション→QSLカード印刷」で出てくる「QSLカード印刷」の画面の中に，「DX局／国内局で打ち分ける」，「選択して印刷」があります．

　DX局にチェックを入れて「開始」をクリック

すると，レコード番号で指定した範囲内のDX局を対象に，指定した定義ファイルの内容で印刷します．

　国内局をチェックすれば，同様に国内局を印刷します．

　「選択して印刷」をチェックすると印刷対象の

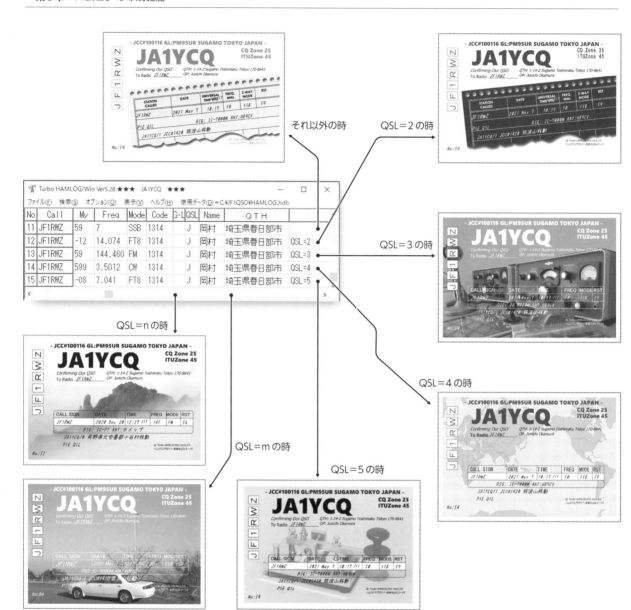

図3-31　Remarksの内容にて打ち分ける

Column ❹　編集画面（エディター）を使う時の留意点

　ハムログでQSL定義ファイルを編集する場合は，標準で用意している定義ファイルをよく見て加工しましょう．

　文字列はダブルクォーテーション「”」で囲みます．これを入力する場合は「Shift」キーを押しながら数字の「2」のキーを押します．

　文字を修正する時は，全角と半角，大文字と小文字それぞれに注意して入力します．例として，アルファベットの「A」は次の4種類となります．

　スペースにも全角と半角があるので注意します．そのほかにも，カンマ「,」やピリオド「.」も間違いやすいので気を付けましょう．

半角大文字は	「A」
半角小文字は	「a」
全角大文字は	「Ａ」
全角小文字は	「ａ」

いろいろ
試してみてネ

```
;  ★の場所を貴局の情報に修正してご利用ください.
;  QSL定義ファイルの利用は自己責任でおねがいします.
; --------------------------------------------
#Yoko
? Data13 "QSL=5"
#Load "素敵なQSLCARD5.QSL"      ;★Remarks1に QSL=5と書かれていたら.
#Goto *100
? End
? Data13 "QSL=4"
#Load "素敵なQSLCARD4.QSL"      ;★Remarks1に QSL=4と書かれていたら.
#Goto *100
? End
? Data13 "QSL=3"
#Load "素敵なQSLCARD3.QSL"      ;★Remarks1に QSL=3と書かれていたら.
#Goto *100
? End
? Data13 "QSL=2"
#Load "素敵なQSLCARD2.QSL"      ;★Remarks1に QSL=2と書かれていたら.
#Goto *100
?End
#Load "素敵なQSLCARD1.QSL"      ;★それ以外の時はこの定義ファイルでE
*100
```

図3-32　Execute.qslのサンプル

QSOデータが一覧表示され，印刷する，しないを個々に設定することができます.

　ここではテクニカル編として，図3-31に示すように，Remarks1の内容によって自動的にQSLカードを打ち分けてみましょう. 専用のQSL定義ファイルを用意して打ち分ける方法を解説します.

　ファーストQSOの局には1番のカードを，セカンドQSOの局には2番のカードを…，とQSL定義ファイルを自動的に選択して印刷することができます.

　Remarks1の中に，セカンドQSOの局には「QSL＝2」サードQSO以降の局には「QSL＝3」，「QSL＝4」，「QSL＝5」，と登録することにします.

　このRemarks1の内容を見て，「Execute.qsl」と名付けたQSLカードを打ち分ける管理用のQSL定義ファイルを用意します. QSLカード印刷の際にこの定義ファイルを指定して「開始」すると，定義した内容で打ち分けることができます.

　Execute.qslのサンプルを図3-32に示します.

　Execute.qslのサンプルは本書付属CD-ROMの「QSL Execute」フォルダの中に収録してありますのでご利用ください.

　定義ファイル内の#Load"素敵なQSLCARDn.qsl"を貴局のQSL定義ファイル名に変更してください.

　「QSL＝n」はプルダウンメニューに用意しておくと便利です.

Column ❺　編集画面（エディター）の使い方のポイント

　本文で，「削除したい行は先頭にセミコロン（;）を入れてコメント行にする」と解説していますが，なぜ行を削除せずにコメント行にするのでしょうか.

　それは，間違って重要な行を削除してしまわないためのテクニックなのです.

　コメント行にしておけば，後でその行を復活させる場合に，先頭のセミコロン（;）を削除すれば簡単に元に戻せるのです.

　つまりこのセミコロン（;）は，「しばらく消えていなさい」，またこれを削除すると「生き返りなさい」，という呪文なのです, hi.

4 ハムログを利用して運用を楽しむ

ハムログには，交信済みのデータをいろいろな方法で検索し，表示したり印刷したりする機能があります．また，他のソフトやネットワークと連携してハムの運用を楽しんだり，リグと接続して周波数やモードを取り込んだりすることもできます．

4-1 交信データの検索

本項では目的別に交信済みのデータを検索したり，印刷したりする方法を解説します．

I エリア別交信件数の表示

交信済みデータの総括表として，エリア別交信件数を表示します．

ハムログのメインウィンドウから「表示→エリア別交信件数」を指定すると，**図4-1**のように表示されます．

エリア別交信件数を表示した後に，右クリックすれば結果を印刷できます．また，Microsoft Excelを導入している方なら，Excelシートの表示後に結果のファイル出力を指定すれば，**図4-2**の

ようにグラフ表示にすることもできます．

このグラフを見て，このバンドに注力してみようとか，このエリアともっと交信しよう，などと目標設定に役立てることができます．

II JCCやJCG 町村検索と印刷

JARLが発行しているJCCやJCGは，100から段階的に用意されており，アワードの入門として楽しめます．

ハムログでJCCの実績を検索してみましょう．ハムログのメインウィンドウから「表示→Wkd/Cfmマスターデータ集計」をクリックし，集計開始

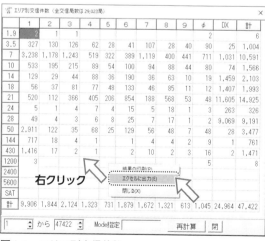

図4-1 エリア別交信件数

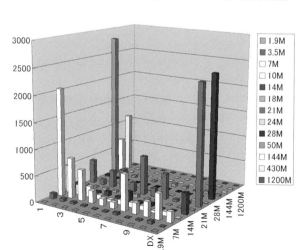

図4-2 Excelでグラフ表示

	DX Wkd/Cfm	市 Wkd/Cfm	郡 Wkd/Cfm	区 Wkd/Cfm	町 Wkd/Cfm	村 Wkd/Cfm
1.9		2/2	4/4		4/4	
3.5	7/7	223/149	101/82	55/29	86/70	17/15
7	91/70	753/718	446/436	179/157	842/802	189/171
10	19/11	324/312	181/172	86/84	182/173	20/19
14	123/113	199/176	102/88	52/43	91/79	5/5
18	131/98	236/228	110/108	36/33	109/106	12/11
21	201/181	516/490	329/319	117/113	475/448	69/62
24	85/61	44/43	8/8	9/8	8/8	1/1
28	159/136	56/51	32/22	14/11	27/19	1/0
50	7/6	334/325	210/203	81/77	255/242	68/67
144	1/0	139/134	54/51	41/38	61/56	18/17
430	1/0	164/155	66/61	58/55	98/86	25/22
1200		3/3	1/1	1/1	1/1	
2400						
5600						
SAT						
ALL	251/232	844/828	540/535	185/178	1281/1238	281/268

Mode指定 [　]　集計開始番号 [1]　再集計　閉

図4-3　Wkd/Cfmマスターデータ集計

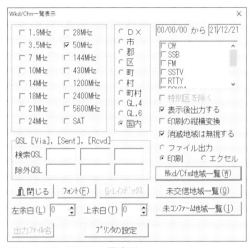

図4-4　Wkd/Cfm一覧表示

No	Code	QTH	Ca
1	Cfm 0101	北海道札幌市	*JE8
2	Cfm 0102	北海道旭川市	*8J1
3	Cfm 0103	北海道小樽市	*JA8
4	Cfm 0105	北海道室蘭市	*JR8
5	Cfm 0107	北海道帯広市	*JG8
6	Cfm 0111	北海道網走市	*JA8

図4-5　JCCのWkd/Cfm地域一覧

番号を常は「1」として「再集計」をクリックします. すると図4-3に示す「Wkd/Cfmマスターデータ集計」が表示されます. この表を印刷したい場合は, 表内で右クリックして印刷指定をします.

　さらに詳細な条件を指定してみましょう.

　ハムログのメインウィンドウから「表示→Wkd/Cfm一覧表示」を指定すると, 図4-4に示す「Wkd/Cfm一覧表示」ウィンドウが表示されます.

　日付の範囲指定で, 左側の日付が '00/00/00' の場合は一番古い日付のデータから調べ, 右側の日付には現在の日付が初期値としてセットされます.

　モード（電波型式）は, 環境設定のプルダウン設定で登録したものを一覧表示します.

　ALLモードを指定する場合は, 全てのモードのチェックマークを外します.

　ALLバンドの場合は, 周波数の全てのチェックマークを外します.

　JCCの検索をする場合は,「市」にチェックマークを入れます.

　「Wkd/Cfm地域一覧」をクリックすると, 図4-5に示すJCCの「Wkd/Cfm地域一覧」の表示と印刷ができます.

　シングルバンドやシングルモードで作成する時は, 周波数やモードを指定し, 同様に検索表示して印刷ができます.

Ⅲ　WACAやWAGAの追い込み

　JCCも進んでくると, JARLが発行する全ての市と交信するアワードWACA（全ての郡はWAGA）を狙いたくなります.

　ハムログでは未交信の市や郡を検索する方法があります. 例えば「市」の場合は, 図4-4に示すウィンドウで「市」にチェックマークを入れておき,「未交信地域一覧」を指定します. すると図4-6に

No	Code	QTH	Flag
1	0316	岩手県滝沢市	4た7
2	0411	秋田県潟上市	4か7
3	0614	宮城県東松島市	4ひ7
4	0616	宮城県富谷市	4と7
5	0824	新潟県佐渡市	4さ0

図4-6　未交信地域一覧

4

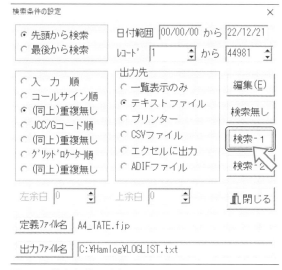

図4-7　DXのWkd/Cfm地域一覧

示す「未交信地域一覧」が表示印刷できます．これ
をシャックに貼っておけば，追い込み用として利
用することもでき，とても便利です．

Ⅳ　DXCC検索と印刷

　DXCCの交信実績を表示してみましょう．

　ハムログのメインウィンドウから「表示→Wkd/
Cfm一覧表示」をクリックし，図4-4（p.89）で条
件を指定し，「DX」にチェックマークを入れ，
「Wkd/Cfm地域一覧」をクリックすると，図4-7
に示すようにDXの「Wkd/Cfm地域一覧」の表示
と印刷ができます．

Ⅴ　アワードのルールに従った検索

　アワードには，指定されたルールに従ってコー
ルサインの文字を集めるものがあります．

　サンドイッチ・コールサインや2文字局との交信
などを検索する場合は，複合条件検索を使います．

　ハムログのメインウィンドウから「検索」や「複

図4-8　検索条件の設定

合条件検索」を指定すると，図4-8に示す「検索条
件の設定」ウィンドウが表示され，ここで検索す
る日付の範囲や検索の方向，重複処理の条件など
を指定します．

　次に「検索-1」を指定すると，図4-9に示す入力
ウィンドウに似た複合条件検索のウィンドウが表
示され，ここへ検索条件を入力します．

　複合条件検索の方法は次のとおりです．

① HisName, QTH, Remarks1, Remarks2

　これらの項目は，部分文字列検索を行います．
入力した文字列がその項目内のどこにあるかを検
索します．

② Freq

　Freqの項目は，認識できる周波数であればその
バンドを検索します．

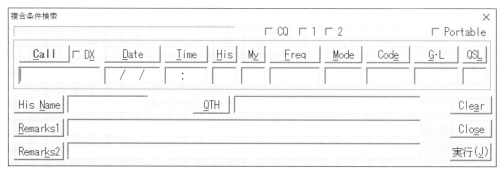

図4-9　複合条件検索

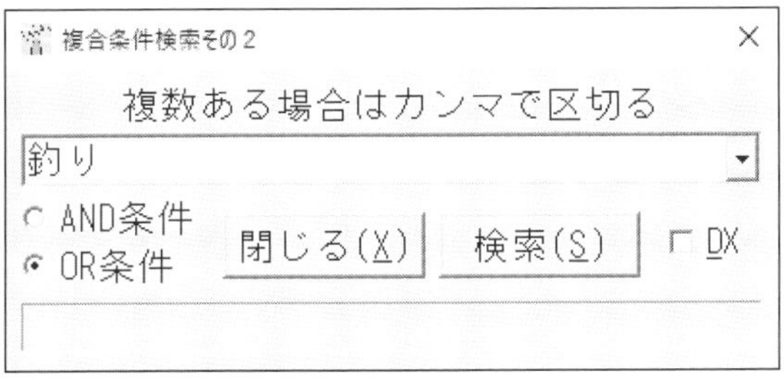

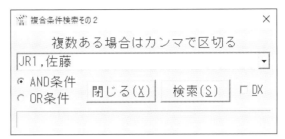

図4-10　複合条件検索その2

図4-11　「JR1」and「佐藤」を検索

例えば「433」と入力しても430MHzバンドとして検索します.

③ Code

Codeの項目の行頭に次の1文字のみを入力し,市・郡・区・町村・DXを指定できます.

C：市・区のコードが入っているデータを検索

D：DXのコードが入っているデータを検索

G：郡・町村のコードが入っているデータを検索

H：町村のコードが入っているデータを検索

K：区のコードが入っているデータを検索

④ それ以外

それ以外の項目は,入力した文字列と同じ位置に,同じ文字列のあるデータを検索します.

何らかの文字を入力しているということを指定する文字として「?」(クエスチョンマーク)を使います.

空白を検索する文字として「_」(アンダーバー)を使います.

例えば,Callの6文字目にアンダーバー,QTHに市,QSLの3文字目に?と指定して「実行」を指定すると,2文字コールサイン局(コールサインの6文字目が空白)で,市で,QSLカード受領済みデータを検索します.

また,Aで囲まれたサンドイッチ・コールサインの局を検索する場合は,Call欄に「???A?A」と入力して「実行」を指定します.

Ⅵ　Remarksの検索

Remarksの検索には,図4-8に示す「検索条件の設定」の「検索-2」が便利です.

「検索-1」では,Remarks1とRemarks2をそれぞれ別々に検索します.Remarksの内容を一挙に検索する場合は,「検索-2」を利用しましょう.

筆者は釣りが好きで,ラグチューになるとよく釣りの話をしてはRemarksに書き込むので,「釣り」の話題が出たQSOを検索してみます.

図4-8に示す「検索条件の設定」で「検索2」を指定すると,図4-10に示す「複合条件検索その2」が表示されます.

この「複合条件検索その2」に「釣り」と入力し,「検索」ボタンを指定します.するとRemarks1とRemarks2を含めた全てのデータ項目を検索し,「釣り」の文字が含まれている交信データを表示します.

この「複合条件検索その2」で,「JR1」のコールサインをお持ちの「佐藤」さんを探してみましょう.図4-11に示すように,2つ以上のキーワードはカンマで区切って「JR1,佐藤」と入力します.AND条件を指定すると「JR1」と「佐藤」の両方の文字が入っているデータを,OR条件を指定すると「JR1」と「佐藤」のどちらかの文字が入っているデータを表示します.

この「複合条件検索その2」は全ての項目が検索対象となるので,His NameやQTHやRemarks1,Remarks2も含めて,「JR1」と「佐藤」の文字が検索対象となります.Call欄やHis Name欄に限定して探す場合は,「検索条件の設定」の「検索-1」を使います.

4-2　リグ接続機能の紹介

　ハムログのリグ接続機能（**図4-12**）を利用するととても便利です．リグ接続をしているトランシーバのダイヤルをぐるぐる回すと，まるでトランシーバの周波数の表示装置のようにハムログ入力ウィンドウのFreq欄の周波数もぐるぐると表示され，バンドを切り替えれば即座にそのバンドの周波数が表示されます．モードも同様にSSB，CW，FMと切り替わります．

　もう一つ便利なことは，入力ウィンドウをメモリチャネルとして利用できることです．例えば入力ウィンドウAにパイルアップになっている局を表示し，後で呼ぶためにそのまま保留し，入力ウィンドウBに切り替えて別周波数で交信します．その後，入力ウィンドウAに戻り，そこから「リグの周波数を設定」をすると，リグは先ほどワッチしてパイルアップになっていた周波数とモードに切り替わります．

① 入力ウィンドウ

　リグ接続は入力ウィンドウとリグが1対1で接続されます．

　例えば入力ウィンドウAとBはIC-7300に，入力ウィンドウCとDはYAESU FT-991に，入力ウィンドウEとFはKENWOOD TS-590Gといった具合に設定ができます．

　入力ウィンドウを右クリックして出てくるメニューから次の操作が可能です．「リグの周波数を設定」「リグの周波数再読み込み」「VFOの切り替え」「PTTのon/off」．

② リグ接続の方法

　リグを接続するためには，リグとPC間を物理的につながなければなりません．リグとPCはPCのCOMポートを利用して接続しますが，最近のPCにはCOMポート（RS-232Cポート）が付いていま

せん．代わりとなるのがUSBポートですが，リグによって準備するものが変わります．

1. リグにUSB端子が付いている場合

　IC-7300，FT-991，TS-590G等，リグにUSB端子が付いている場合は，PCとUSBケーブルで接続するだけでハムログのリグ接続が可能となります．

　IC-7300などのUSB接続では先にリグの電源をいれないとUSBを認識しないので注意が必要です．

　USB接続の場合は，通常は無線機メーカーから仮想COMポートドライバーが提供されます．

2. リグにリモート端子が付いている場合

　IC-7000等の場合は，CI-V等を接続してUSBシリアル変換ケーブルを用意し，PCとCI-Vを接続します．

3. リグにCOM端子が付いている場合

　TS-480等のCOM端子が付いているリグとは，USBシリアル変換ケーブルを利用して接続します．

4. リグにCAT端子が付いている場合

　CAT端子が付いているリグはCT-62 CATインターフェースケーブルを利用し接続します．

③ COMポート番号の調べ方

　リグ接続をする場合は，ハムログの環境設定でCOM番号をセットする必要がありますが，そのCOM番号は次の方法で調べます．

　デスクトップから「PC」を右クリックし「プロパティ」を開きます．

　「デバイスマネージャー」を開き「ポート（COMとLPT）」をクリックするとSerial Port（COM）番号の一覧が表示されます．

　複数表示される場合はUSBケーブルを抜き差しします．そうすればそのUSBが何番のポートか

① 入力ウィンドウを
　右クリックして出てくるメニュー

　　リグの周波数を設定

　　リグの周波数再読込

　　VFOの切替え

　　PTTの on/off

③ COMポート番号の調べ方

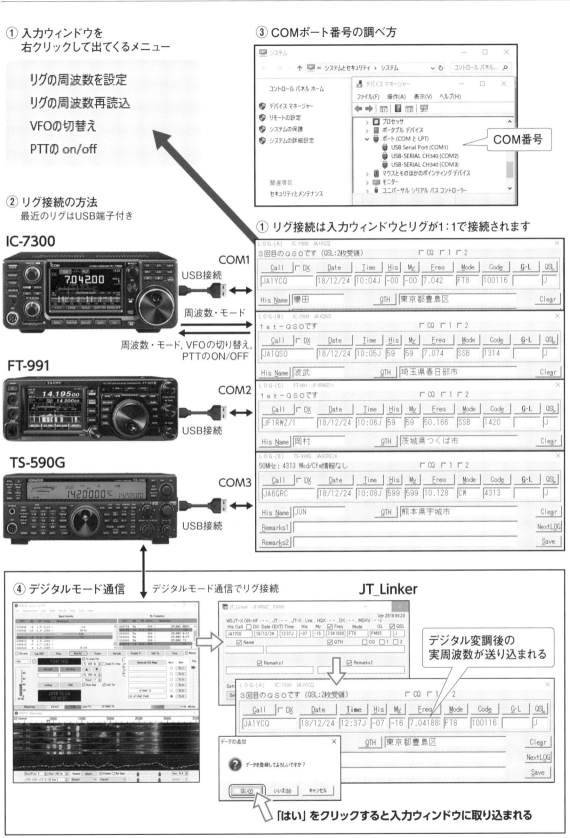

COM番号

② リグ接続の方法
　　最近のリグはUSB端子付き

IC-7300

COM1
USB接続

周波数・モード

周波数・モード, VFOの切り替え,
PTTのON/OFF

FT-991

COM2

USB接続

TS-590G

COM3

USB接続

① リグ接続は入力ウィンドウとリグが1：1で接続されます

④ デジタルモード通信　　デジタルモード通信でリグ接続　　**JT_Linker**

デジタル変調後の
実周波数が送り込まれる

「はい」をクリックすると入力ウィンドウに取り込まれる

図4-12　リグ接続機能

が分かります.

④ デジタルモード通信の場合

デジタルモード通信を利用する場合は，デジタル通信ソフト側にてリグ接続をし，通信ソフト側からハムログへ交信データをリンクしてもらいます.

例えば，WSJT-Xを利用する場合はWSJT-Xとリグを接続し，1つの交信が終わったらJT_Linkerを通してハムログの入力ウィンドウへ交信データを送ります.

JT_LinkerはJA2GRCさんが作成されたフリーソフトです.

WSJT-XはK1JT　ジョゼフ・テイラーさんが開発された微弱電波通信のフリーソフトです.

4-3　eQSLやLoTWの機能紹介

ハムログの交信データをADIFとして出力し，eQSLやClubLog，LoTW，QRZ.comのLogbook等のシステムと連携することができます（**図4-13**）.

ADIF（Amateur Data Interchange Format）ファイルは，アマチュア無線の交信記録データを異なったソフトウェア間でやりとりする時に使用する，統一データフォーマットファイルです.

① ハムログからADIF出力

ハムログのメインウィンドウの「検索→複合条件検索と印刷」から「検索条件の設定」を表示し，出力先に「ADIFファイル」を指定すると，ADIFファイルとして出力することができます.

ADIFを作る時のオプションとして「Remarks出力」「％文字列％」「全角を除く」など細かな指示ができます.

ADIFファイルは「出力ファイル名」で指示した場所に作られます. ログをアップロードする時は入力順で「検索無し」を指定して作ります.

② LoTWへアップロードする

LoTW（Logbook of the World）は，ARRLが世界中のアマチュア局を対象に運営しているQSOログのデータ・バンクです.

ARRLのWebサイトからTQSLをダウンロードしてPCにインストールし，コールサイン証明書をもらってTQSLに登録すると，LoTWが使えるようになります.

ハムログから出力したADIFファイルをTQSLでtq8ファイルに変換します. できあがったtq8ファイルをLoTWにアップロードします.

LoTWの詳しい使い方は，下記URL（CQ出版社のWebサイト）にあります.

https://www.cqpub.co.jp/cqham/lotw/

③ eQSL.ccへアップロードする

eQSL.ccが運営する電子QSL交換システムは無料でも利用できますが，有料会員になると好きなデザインのQSLカードが発行できます.

eQSL.ccにログオンして「Upload ADIF」のメニューをクリック，ADIFファイルが格納されている「C:¥Hamlog¥Loglist.adi」をクリックしてアップロードします.

アップロードが終わるとエントリーされたログの件数が表示されるので確認します.

④ Logbookへインポートする

QRZ.COMのLogbookは「My logbook」の「Settings」からADIFをImport（アップロード）します.

ログを突き合わせた結果，コンファームされた

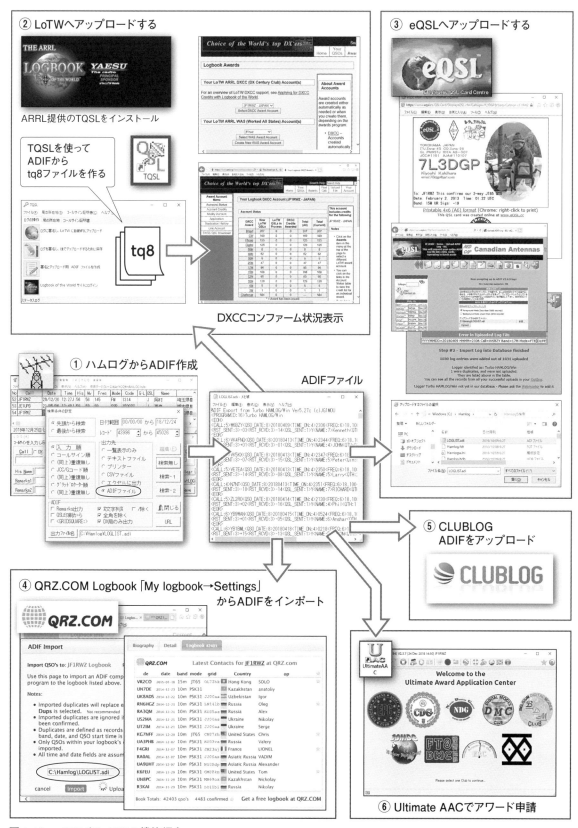

図4-13 eQSLやLoTWの機能紹介

ものは黄色の星印が付きます.

⑤ ClubLogへアップロードする

ClubLogに登録すると, QRZ.comと同じように自分のページを持つことができます. ここには豊富な機能のメニューが用意されています.

ClubLogへのADIFファイルのアップロードはメニュー「Upload」で行います.

⑥ Ultimate AACでアワード申請

Ultimate Award Application CenterはEPC（European PSK CLUB）が管理しているアワード申請のプログラムです.

EPCのほか, CDG/NDG/DMC/BDM/30MDG/FT8DMC/ERC/SIM31など, 各デジタルクラブのアワードをまとめて申請することができます.

アイコンメニューの左から2つ目をクリックするとADIFでのアップロードが用意されています.

Open Standard Logbook メニューのSummaryにはアワードごとにCFM数が表示され, あと幾つ頑張ればそのアワードが取れるかを表示してくれるので励みになります.

アップロードしたADIFを調査し, 申請できるアワードがあればボタンが緑色に変わり, さらに「Apply」ボタンを押すとアワードの申請が完了してしまうのです.

4-4　ハムログ関連ソフトのご紹介

ハムログをさらに便利に使うための関連ソフトを紹介します（図4-14）.

① eQSLからQSL受領マークを付ける

eQSLのアーカイブからハムログのQSL受領マークを自動で付けてくれるソフト「eQSL2Thw.exe」はJA2BQX 太田さんが作成されたフリーソフトウェアです.

eQSL.ccのArchiveページのデータを取得します.

取得したデータを解析してハムログのデータHamlog.hdbと照合し, ハムログへQSL受領マークを書き込んでくれます.

またeQSL.ccのArchiveページのQSLカードもダウンロードしてくれます.

URL：**http://ja2bqx.omiki.com/**

② LoTWからQSL受領マーク

LoTWの照合情報からハムログのQSL受領マークを自動で付けてくれるソフト「LoTW2Thw.exe」は, ①と同じくJA2BQX 太田さんが作成さ

れたフリーソフトウェアです.

ARRLのLoTWからデータ取得してハムログのデータHamlog.hdbと照合し, ハムログにQSL受領マークを書き込んでくれます.

URL：**http://ja2bqx.omiki.com/**

③ HLAWD

アワード申請用の交信データ抽出と印刷をサポートしてくれるソフト「HLAWD」はJO2HPO 鈴村さんが作成されたフリーソフトウェアです.

ハムログの交信データを基にアワード申請に使用する交信データを抽出し, そのQSLカードリストを印刷するプログラムです.

URL：**http://masa-bv.my.coocan.jp/jo2hpo/**

これにはハムログのデータを利用して, 各種条件を指定してソートやマージ, 抽出する機能が用意されており, それぞれの個別の機能を組み合わせてアワード申請のデータを作ることもできます.

アワード申請書も手軽に印刷できるので, この部分だけでも利用する価値があります.

① eQSL2Thw.exe

eQSLのアーカイブからハムログの
QSL受領マークを自動で付けてくれるソフト

② LoTW2Thw.exe

LoTWの照合情報からハムログの
QSL受領マークを自動で付けてくれるソフト

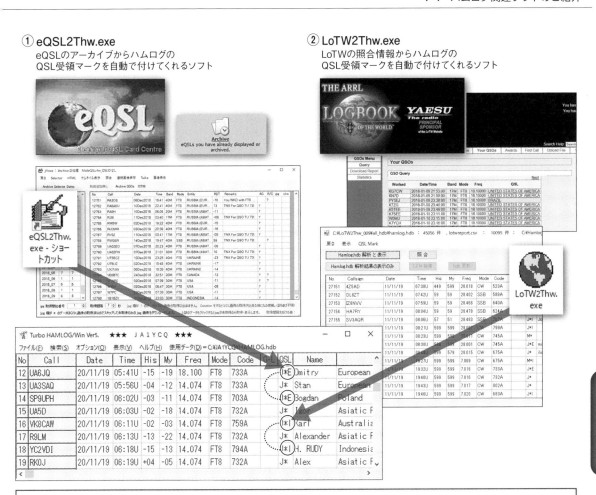

③ HLAWD　アワード申請用交信データ抽出と印刷をサポートしてくれるソフト

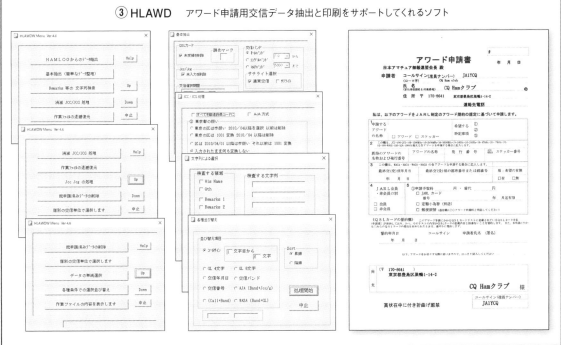

図4-14　ハムログ関連ソフト紹介

5 付属CD-ROMを活用しよう

本書付属のCD-ROMにはハムログのソフトウェアやハムログに関係するデータを収録しています．また，本文記事と連動して，スライドショーによる解説も行っています．Windowsパソコンを立ち上げてCD-ROMをセットし，アイコンをクリックするとメニューを表示します．スライドショーはパソコンの音量を適切にセットしてお楽しみください．

DVD

5-1　付属CD-ROMの使い方

I　付属CD-ROMのメニュー構成

付属CD-ROMを立ち上げて「CQハムログ入門」のアイコンをクリックすると，図5-1に示すメニューを表示します．

● スライドショーの内容

1. オープニング　　　　　　　約2分
2. ハムログのインストール　　約2分30秒
3. 交信データの登録　　　　　約5分

図5-1　CD-ROMメニュー

CD-ROMメニューが自動実行されない場合は，CD-ROMのslideフォルダのHamlogNyumonGuide.exeを起動してください．起動には15秒程度かかります．

スライドショーをご覧いただくには，PCのスペックがMicrosoft Windows 7 日本語版 以降，プロセッサ1GHz以上，2GB以上のRAM，800×600以上のディスプレイ，サウンドカードとスピーカまたはヘッドホンが必要です．Macintoshには対応していません．

本「CD-ROM」はPC用です．絶対に一般のオーディオ用CDプレーヤーでは再生しないでください．再生した場合はスピーカを破損したり，ヘッドホンをご利用の場合は耳を傷つける恐れがあります．

II　ハムログの簡単インストール

CD-ROMのメニューをクリックするとハムログのインストーラが動きます．指示に沿って進めると，Turbo HAMLOG/Win バージョン5.28aをインストールします．

III　CD-ROMをエクスプローラで開く

CD-ROMメニューから「エクスプローラで開く」

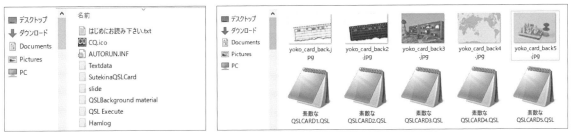

図5-2　CD-ROMをエクスプローラで開く　図5-3　素敵なQSLカード

をクリックするとメニューは終了し，エクスプローラでCD-ROMが開きます（図5-2）．

IV　素敵なQSL CARDのインストール

「素敵なQSL CARDのインストール」をクリックすると，5種類のQSL定義ファイルと背景のJPGファイルをC：¥Hamlogフォルダへコピーします（図5-3）．

V　QSLカード用背景素材

QSL Background material の中に図5-4に示す30枚の背景画像を用意しています．

VI　QSL Execute

QSLカードをRemarksに書かれたQSL＝nにより打ち分ける定義ファイルのサンプルExecute.qsl

を付けています．

VII　Textdata

Textdataのサンプル「Textdata.txt」を付けています．

【素敵なQSLカードと背景画像の利用について】

本書をご購入してお読みの方は，「素敵なQSL定義ファイル」を利用して作ったQSLカードを自局また所属クラブ局のQSLカードとして自由にご利用いただけます．また，フレンド局のQSLカードを作成しても結構です．

● 禁止事項

許可なく「素敵なQSL定義ファイル」と「付属の背景画像」をインターネットで配布したり，ダウンロードサービスとして配布することなどを禁じます．

素敵なQSLカードについてのご感想やご質問はCQ ham radio 編集部までお願いします（返事が必要なものはSASEでお願いします）．

【免責事項について】

本CD-ROMに含まれるプログラムやデータを運用した結果については，その作者（著作者）およびCQ出版株式会社は一切の責任を負いません．利用は利用者個人の責任において行ってください．

Windowsはマイクロソフト社の登録商標です．その他の社名，商品名は各社の商標，または登録商標です．

図5-4
QSLカード背景画像

索引

著者紹介

● JF1RWZ　**岡村 潤一**（おかむら じゅんいち）
　　　　　第1級アマチュア無線技士
　　　　　JAG会員，DIG会員

1966年12月　熊本県松橋町にてJA6GRC開局
1967年 1月　3.5MHz AMにて初交信
1973年 6月　川崎市にてJF1RWZ免許される
2014年10月　世界1万局よみうりアワード受賞

移動運用，アンテナ製作，クラブ活動，アワード
やコンテストなど，アマチュア無線をいろいろな
分野で楽しんでいる．

著 書：「ハムログの本」，「ハムログ入門」，「QSLカードの本」，「アワードの本」，月刊CQ ham
　　　 radio連載「アワード収集を楽しもう」，特別連載「ハムログで素敵なQSLカードを発行しよ
　　　 う」（すべてCQ出版社刊）

趣 味：アマチュア無線，釣り，旅行

本書に付属のCD-ROMは，図書館およびそれに準ずる施設において，館外へ貸し出すことはできません．

ハムログ入門ガイド

CD-ROM付き

2020年1月1日　初版発行
2020年9月1日　第2版発行

© 岡村潤一 2020
（無断転載を禁じます）

著　者　岡　村　潤　一
発行人　小　澤　拓　治
発行所　CQ出版株式会社

〒112-8619　東京都文京区千石4-29-14
電話　編集 03-5395-2149
販売 03-5395-2141
振替　00100-7-10665

乱丁，落丁本はお取り替えします
定価はカバーに表示してあります

ISBN978-4-7898-2022-6
Printed in Japan

編集担当者　櫻 田 洋 一／新 谷 あ や こ
デザイン・DTP　近　藤　企　画
印刷・製本　三　晃　印　刷　㈱